Inhaltsverzeichnis

(1) Male die Fachbegriffe, die zusammengehören, in der gleichen Farbe an.

multipliziert mit	Produkt	Addition	Multiplikation
Subtraktion	Summe	Differenz	minus
Quotient	plus	Division	dividiert durch

(2) Berechne die Terme und trage die Fachbegriffe ein.

Subtraktion

```
    8 4 6 1 3
  - 4 9 8 2 7
```

```
5 4 3 · 2 7
```

Produkt

```
    3 6 4 5 3
      8 6 0 5
    1 9 6 1 4
  +     3 7 1
```

```
6 6 6 : 9 =
```

(3) Schreibe untereinander und rechne.

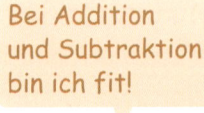
Bei Addition und Subtraktion bin ich fit!

a) 34 + 8 612 + 354   672 + 79 + 12 906   6 004 + 317 + 65

 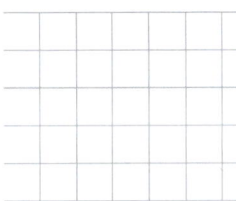 

b) 68 528 − 965   37 164 − 1 583   80 108 − 5 679

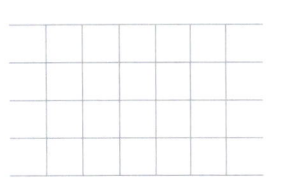 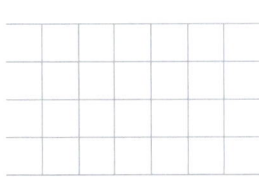 

2

4 a) $3\ 1\ 0 \cdot 2\ 3$ $4\ 5\ 6 \cdot 8\ 7\ 4$ $6\ 3\ 2\ 5 \cdot 4\ 8\ 2$

b) $1\ 4\ 0\ 4 : 5\ 4 =$

         $5\ 2\ 3\ 2 : 8 =$

             $1\ 5\ 1\ 3 : 1\ 7 =$

5 **Für Mathe-Super-Stars**

a) Dividiere die Differenz der Zahlen 20 792 und 10 937 durch 9.

b) Multipliziere die Summe der Zahlen 804 und 789 mit dem Quotienten aus 392 und 8.

Die gesuchte Zahl heißt _____.

Die gesuchte Zahl heißt _____.

1 5 6 + 3 8 =   5 4 3 2 7 + 1 0 7 3 =

7 5 + 6 3 =   4 9 6 6 8 +   3 3 2 =

6 6 + 9 8 =   8 3 7 8 4 + 2 0 1 6 =

2 9 3 − 5 6 =   8 9 6 5 7 −   1 0 5 7 =

8 6 − 4 9 =   5 2 4 6 1 −   2 4 0 0 =

7 3 − 3 5 =   9 1 6 0 7 − 2 1 0 0 7 =

3 **Fasse geschickt zusammen.**

4 9 + 6 8 + 5 1 =   6 7 + 5 4 + 6 6 + 2 3 =

1 0 0 + 6 8 =

6 9 + 2 7 + 3 3 =   1 3 7 + 5 6 − 1 0 7 =

9 8 + 5 2 − 6 8 =   3 6 + 5 4 + 1 7 =

8 2 + 4 9 − 6 2 =   7 6 + 9 8 − 6 6 =

7 7 + 2 6 − 1 7 =   2 8 4 + 7 6 − 8 4 =

(4) Rechne „Punkt vor Strich".

6 4 9 + 8 · 9 =   5 · 1 2 + 1 3 1 7 =
6 4 9 +   7 2 =

3 0 6 − 6 3 : 9 =   1 0 0 0 : 4 − 9 8 =

5 9 0 + 1 0 · 7 =   8 1 0 : 9 − 3 2 =

7 5 8 − 4 8 : 6 =   7 · 8 + 2 5 2 4 =

(5) Die Klammer wird zuerst gerechnet.

9 · (2 6 − 1 8) =   (5 9 + 4 1) · 3 0 =
9 ·   8   =

(5 1 − 4 6) · (6 3 + 1 7) =   (9 3 7 + 5 3) : 1 1 0 =

(6) 6 5 0 + 2 5 0 · 8 =   1 0 0 0 − 5 0 0 : 5 0 =

(6 5 0 + 2 5 0) · 8 =   (1 0 0 0 − 5 0 0) : 5 0 =

1 **Wie heißen diese Vierecke? Die Silben helfen dir dabei.**

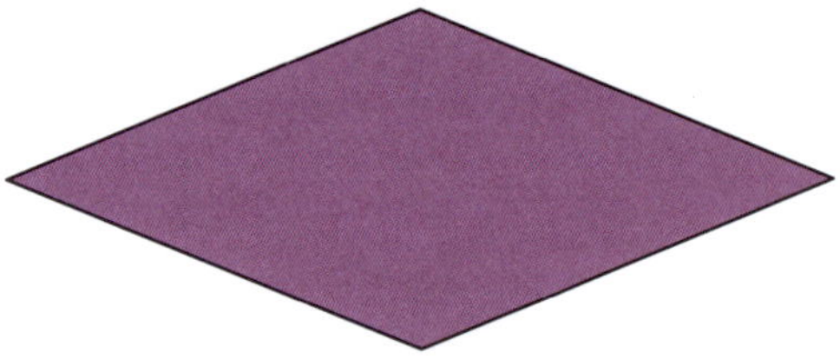

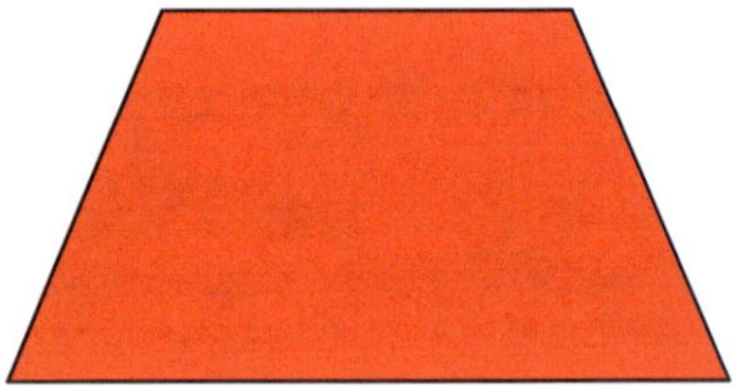

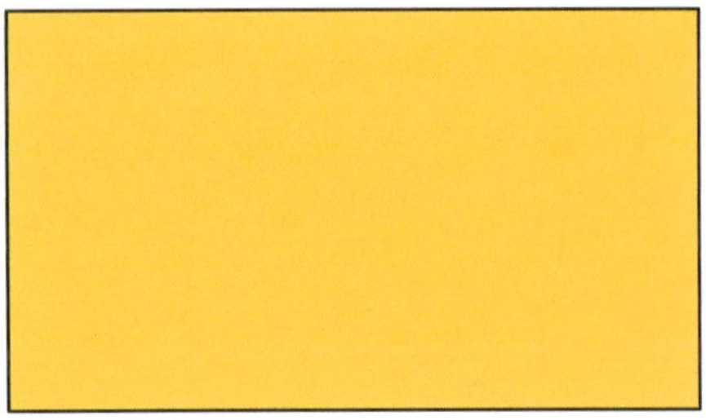

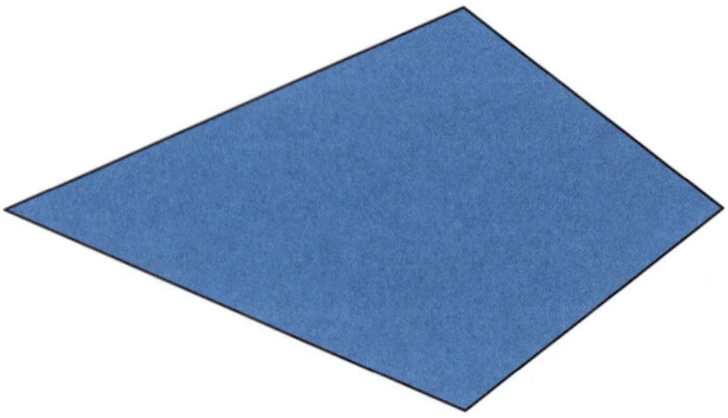

_____   _____

_____   _____

_____   _____

chen – dra – drat – eck – eck – gramm – le – lo – pa – pez – qua – ral – rau – recht – te – tra – vier

2 Im Land der Flächen: Welche Vierecke siehst du im Bild?
Färbe die Vierecke: Quadrate = orange
Rechtecke = gelb
Rauten = violett
Parallelogramme = grün
Trapeze = rot
Drachenvierecke = blau

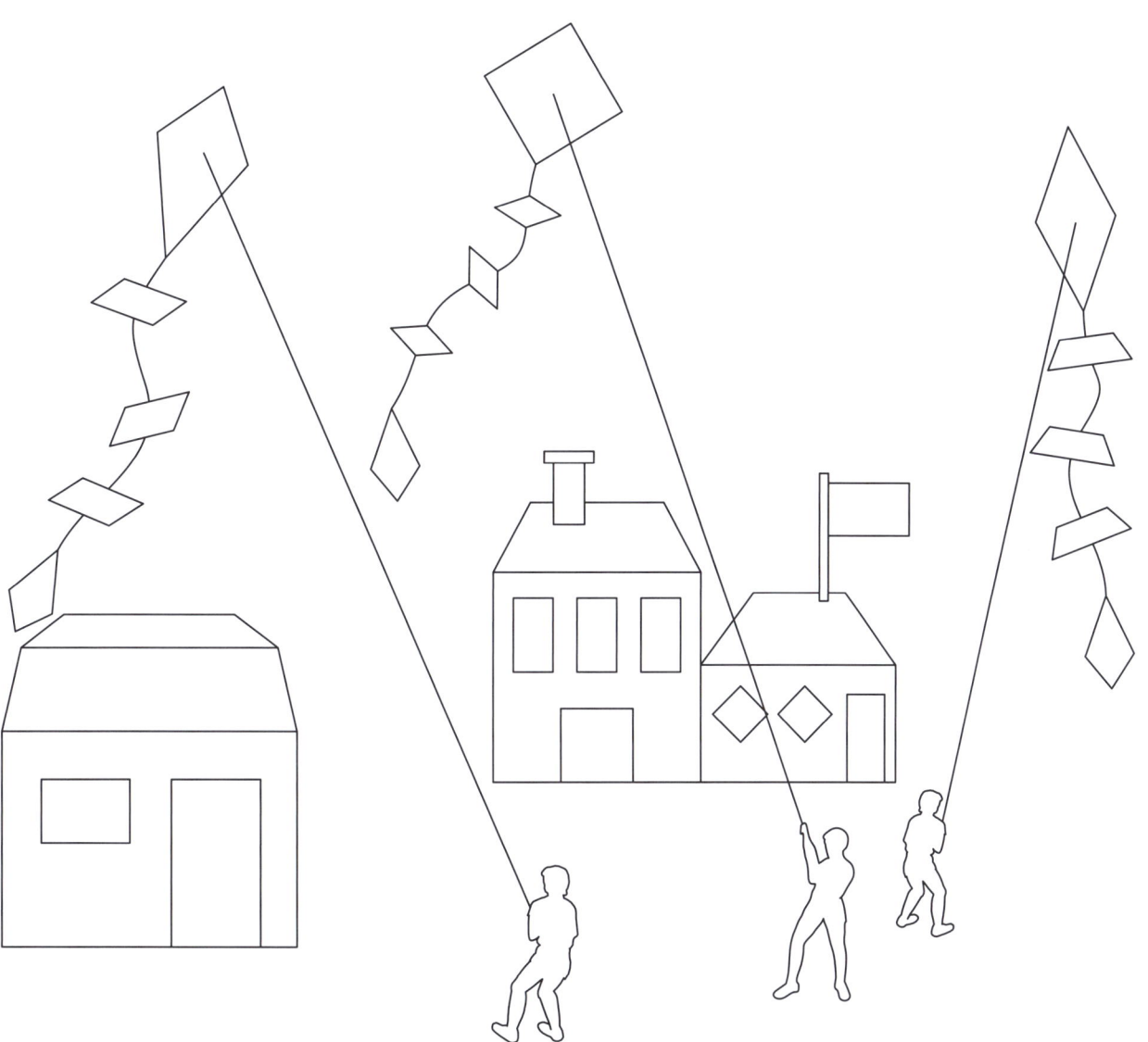

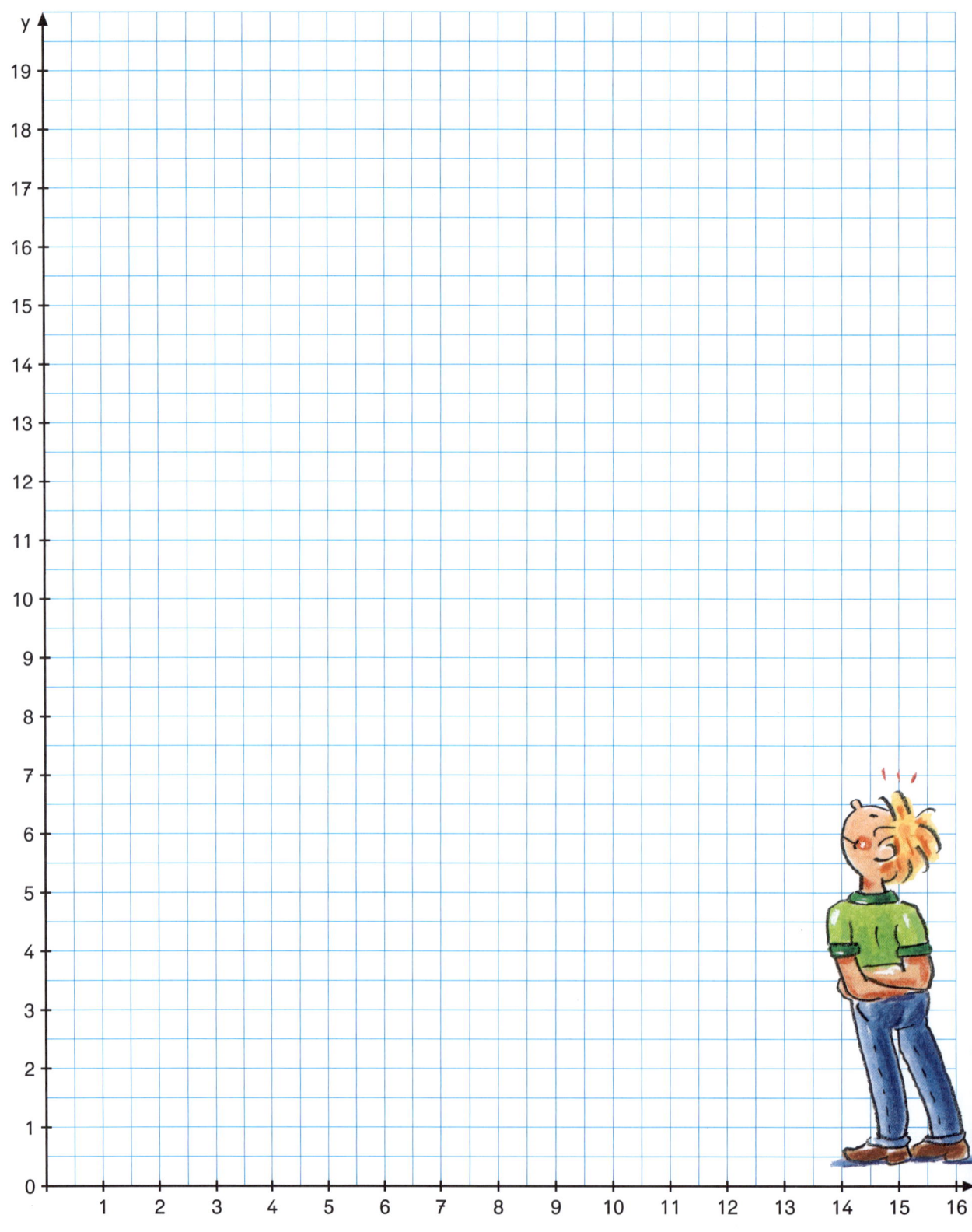

1 Trage folgende Punkte ins Koordinatensystem ein.

A (1/1), B (5/1), C (5/5), E (7/1), F (12/1), G (12/3), I (12/9),
J (8/9), K (7/5), M (2/11), N (1/7), O (4/7), P (5/11), Q (10/17),
R (9/15), S (10/11), T (11/15), U (2/15), V (4/12), W (6/15)

2 A, B und C sind Eckpunkte eines Quadrats.

Welche Koordinaten hat der fehlende Eckpunkt D? (___ / ___)
Zeichne das Quadrat fertig.

3 E, F und G sind Eckpunkte eines Rechtecks.

Welche Koordinaten hat der fehlende Eckpunkt H? (___ / ___)
Zeichne das Rechteck fertig.

4 Welches Viereck entsteht, wenn man M mit N, N mit O,
O mit P und P mit M verbindet?

_____

5 Verbinde I mit J und J mit K. Sie sind Eckpunkte eines
Trapezes. Welcher der drei folgenden Punkte ist der
fehlende vierte Punkt? Kreuze ihn an.

☐ L_1 (12/4)   ☐ L_2 (12/5)   ☐ L_3 (12/6)

6 Welches Viereck entsteht, wenn man Q mit R, R mit S,
S mit T und T mit Q verbindet?

_____

7 U, V und W sind Eckpunkte einer Raute.
Kreuze den vierten Punkt an.

☐ X_1 (4/17)   ☐ X_2 (4/18)   ☐ X_3 (5/18)

Zeichne die Raute fertig.

1 Die 26 Schüler der Klasse 6c der Lindenbergschule gaben im März insgesamt 247 € für Handygebühren aus.
Wie viel war das für jeden Schüler im Durchschnitt?

Antwort: _____

_____

2 Die Schule am Westpark besuchen 174 Jungen und 152 Mädchen. Berechne die durchschnittliche Größe der 12 Klassen.
(Runde auf eine ganze Zahl).

Antwort: _____

_____

3 Die Klasse 6a hat eine Woche lang den Pausenverkauf an ihrer Schule übernommen. An den 5 Tagen wurden 49,20 €; 56,40 €; 60,50 €; 54,10 € und 43,60 € eingenommen.
Wie hoch waren die Einnahmen durchschnittlich pro Tag?

Antwort: _____

_____

Ich rechne alle Noten aus, addiere sie dann und teile ...

4 a) Bei der ersten Mathematikarbeit der Klasse 6b haben die 25 Schüler folgende Noten erreicht:

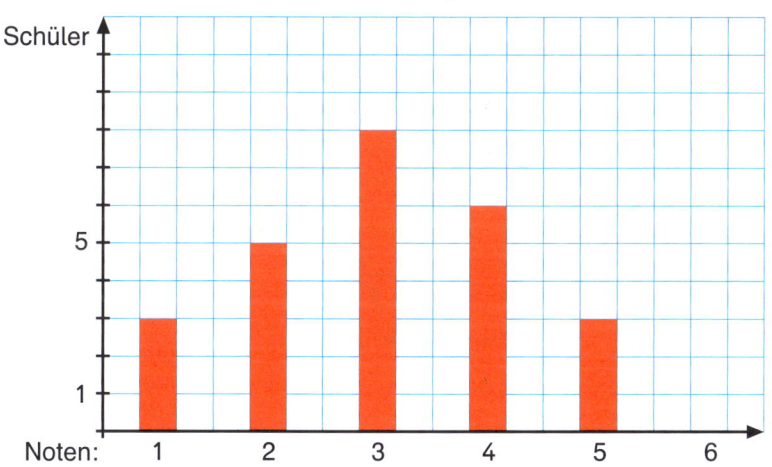

Berechne den Klassendurchschnitt.
Runde auf eine Kommastelle.

Antwort: _____

_____

b) Bei der zweiten Mathematikarbeit sah die Notenübersicht dann so aus:

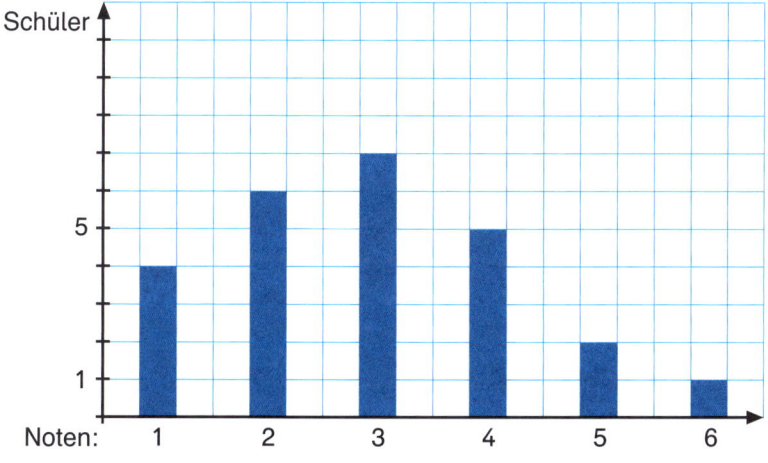

Berechne auch hier den Klassendurchschnitt.
Runde wieder auf eine Kommastelle.

Antwort: _____

_____

Den Durchschnitt berechnen (2)

(1) Fabian möchte seine Mathematiknote ausrechnen. Er hat in den 3 Arbeiten einmal eine 2 und zweimal eine 3 geschrieben. Seine mündlichen Leistungen wurden insgesamt mit 1,6 bewertet und zählen insgesamt so viel wie eine Schulaufgabe.

Antwort: ______________________________

____

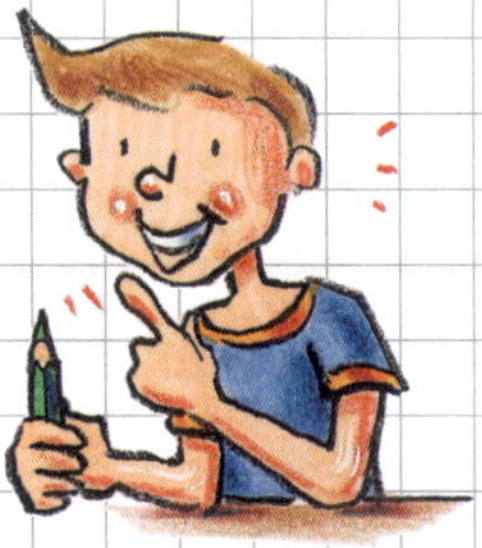

(2) Die 28 Schüler einer 6. Klasse haben aufgeschrieben, wie viel Taschengeld sie pro Woche erhalten.

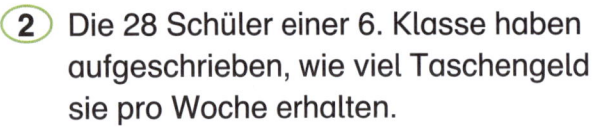

€ pro Woche	0 €	4 €	5 €	6 €	10 €
Schüler	3	9	7	7	2

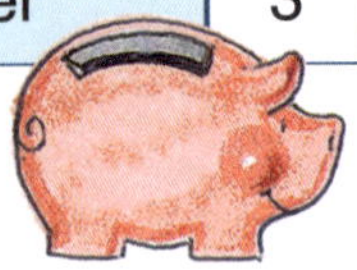

a) Wie hoch ist das durchschnittliche Taschengeld der Klasse?

Antwort: ______________________________

____

____

b) Nicht alle Schüler der Klasse erhalten ein Taschengeld. Wie hoch ist das durchschnittliche Taschengeld für die Schüler, die tatsächlich Taschengeld erhalten?

Antwort: ______________________________

____

____

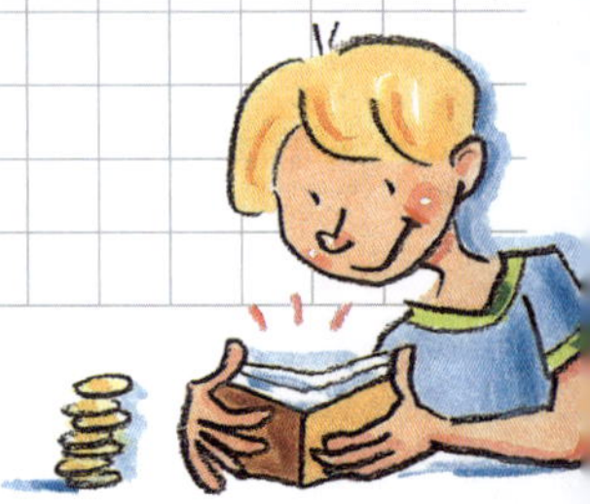

3 Von den 23 Spielern der deutschen Fußballnationalmannschaft, die an der EM 2008 teilgenommen haben, waren:

- je 2 Spieler 21, 27 und 29 Jahre alt,
- je 3 Spieler 36 und 31 Jahre alt,
- je 4 Spieler 23 und 24 Jahre alt und
- je 1 Spieler war 28, 35 und 38 Jahre alt.

Berechne das Durchschnittsalter der Nationalmannschaft.

Antwort: _____

4 Der Zirkus Bamboni gastierte 5 Tage lang in Kempten. In dieser Zeit kamen 427 Besucher zu den Nachmittagsvorstellungen und 956 Besucher zu den Abendvorstellungen.

a) Wie viele Besucher waren dies durchschnittlich pro Tag? (Runde auf eine ganze Zahl.)

Antwort: _____

b) Konnte der Zirkus seine Unkosten in Höhe von täglich 940 € decken, wenn jeder Besucher durchschnittlich 4,80 € bezahlt hat?

Antwort: _____

1 a) **Kreise die Vielfachen von 9 ein.**

900	270	9	27	6 300
43	56	54	90	
18	36		662	
19	360	450	540	9 000

b) **Kreise ein: rot = Vielfache von 6, blau = Vielfache von 7**

35	49	54	4 200	42	37
			56		300
1 400	490			1 200	
48		640	41	420	280

Doppelt eingekreist:
Gemeinsame Vielfache!

2 **Gemeinsame Vielfache: Kreise nur die gemeinsamen Vielfachen ein.**

a) von 2 und 3

2	16	6	20	18
12		15	10	21
	27			
3			30	
	14	4	9	8

b) von 4 und 5

32	16	35	12	4
10	40	25	28	15
	20	36	24	5	8

c) von 3 und 6

18	12	27	6	
30	3	9	15	
21		36	60	

d) von 7 und 8

7	80	56	21	16	48
72	28			49	64
35	32	8	40	63	
24	14	70		42	

3 **Male bei Aufgabe 2 das jeweils „kleinste gemeinsame Vielfache" rot an.**

Ergänze: Das „**kleinste** gemeinsame Vielfache" …

… von 2 und 3 ist ____ .   … von 4 und 5 ist ____ .

… von 3 und 6 ist ____ .   … von 7 und 8 ist ____ .

(4) Teiler gesucht

Durch welche Zahlen kannst du ohne Rest teilen?

12 : 1 = _____   24 : 1 = _____   36 : 1 = _____   64 : 1 = _____

12 : 2 = _____

12 : 3 = _____

12 : 4 = _____

12 : 6 = _____

12 : _____

(5) Gemeinsamer Teiler

Welche Teiler passen bei beiden Zahlen? Kreise ein.

a) von 24 und 36

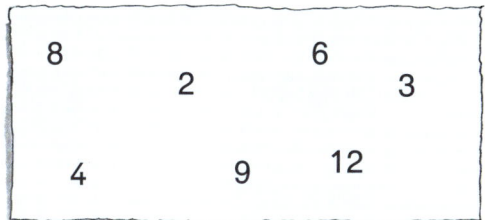

8   6   2   3   4   9   12

b) von 30 und 12

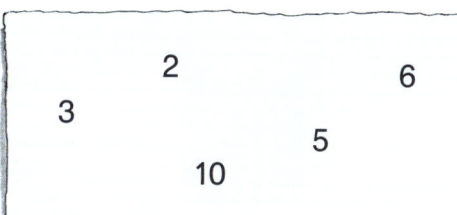

2   6   3   5   10

c) Male den „**größten** gemeinsamen Teiler" rot an.

(6) Suche gemeinsame Teiler von:

a) 18 und 27

b) 48 und 36

c) Male den „**größten** gemeinsamen Teiler" rot an.

1 **Wie viele Bruchteile des Ganzen sind es jeweils?**

a)

$1 = \dfrac{8}{8}$ $\dfrac{1}{8}$ _____ _____

b)

$1 = \dfrac{4}{4}$ _____ _____

c)

$1 =$ _____ _____ _____

d)

$1 =$ _____ _____ _____

e)

$1 =$ _____ _____ _____

f)

  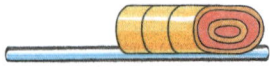 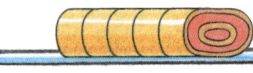

$1 =$ _____ _____ _____

2 Welcher Bruchteil wurde gefärbt?

a)

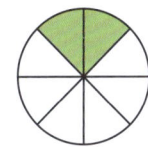 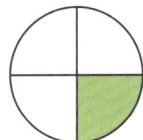 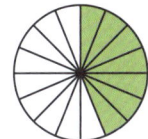 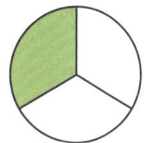

———   ———   ———   ———

b)

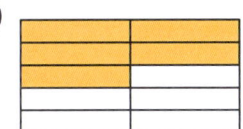 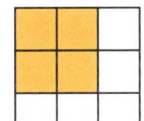 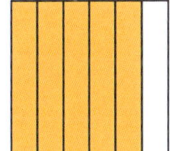 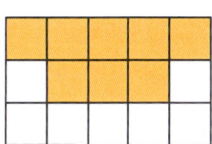

———   ———   ———   ———

c)

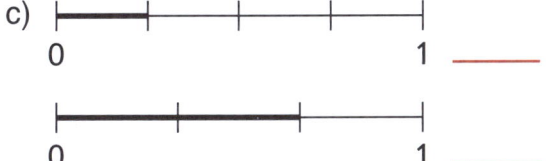   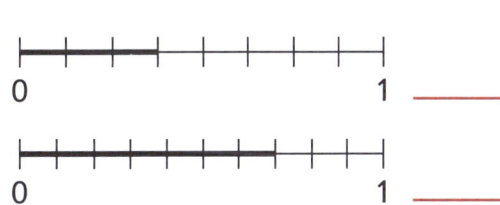

3 Färbe die angegebenen Bruchteile.

a)

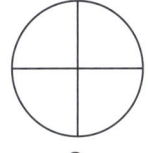 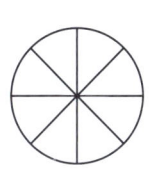  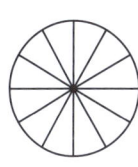

$\frac{3}{4}$ $\frac{4}{8}$ $\frac{2}{3}$ $\frac{7}{12}$

b)

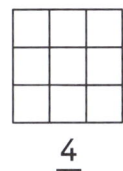 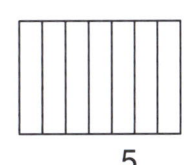 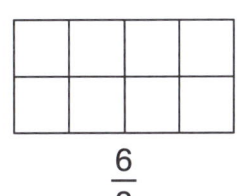 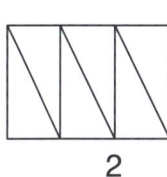

$\frac{4}{9}$ $\frac{5}{7}$ $\frac{6}{8}$ $\frac{2}{6}$

c)

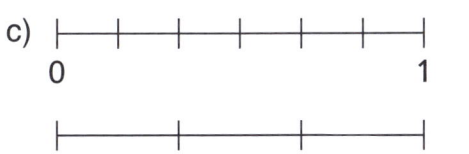

$\frac{5}{6}$ $\frac{2}{8}$

$\frac{1}{3}$ $\frac{3}{5}$

1 **Erweitere.**

a)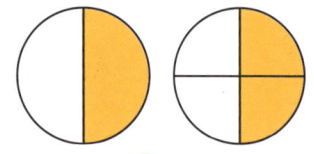

$$\frac{1}{2} = \frac{1 \cdot 2}{2 \cdot 2} = \underline{}$$

b)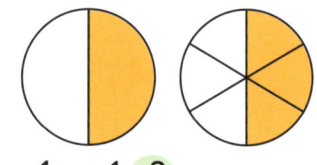

$$\frac{1}{2} = \frac{1 \cdot 3}{2 \cdot 3} = \underline{}$$

Erweitern: Multipliziere Zähler und Nenner mit der gleichen Zahl.

c)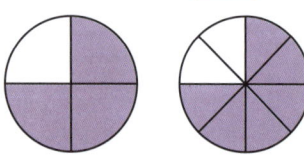

$$\frac{3}{4} = \underline{} = \underline{}$$

d)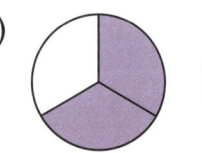

$$\frac{2}{3} = \underline{} = \underline{}$$

e)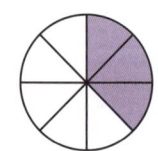

$$\frac{3}{8} = \underline{} = \underline{}$$

f)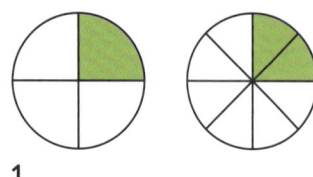

$$\frac{1}{4} = \underline{} = \underline{}$$

g)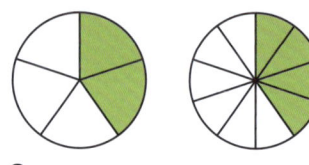

$$\frac{2}{5} = \underline{} = \underline{}$$

h)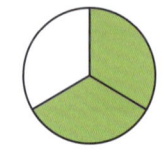

$$\frac{2}{3} = \underline{} = \underline{}$$

2 **Mit welcher Zahl wurde erweitert?**

a)
$$\frac{1 \cdot 3}{8 \cdot 3} = \frac{3}{24}$$

$$\frac{1 \cdot \square}{7 \cdot \square} = \frac{4}{28}$$

$$\frac{1 \cdot \square}{9 \cdot \square} = \frac{5}{45}$$

$$\frac{1 \cdot \square}{12 \cdot \square} = \frac{4}{48}$$

b)
$$\frac{2 \cdot \square}{6 \cdot \square} = \frac{10}{\square}$$

$$\frac{3 \cdot \square}{4 \cdot \square} = \frac{15}{\square}$$

$$\frac{2 \cdot \square}{3 \cdot \square} = \frac{8}{\square}$$

$$\frac{7 \cdot \square}{12 \cdot \square} = \frac{21}{\square}$$

c)
$$\frac{4 \cdot \square}{5 \cdot \square} = \frac{\square}{20}$$

$$\frac{2 \cdot \square}{13 \cdot \square} = \frac{\square}{65}$$

$$\frac{4 \cdot \square}{6 \cdot \square} = \frac{\square}{36}$$

$$\frac{7 \cdot \square}{30 \cdot \square} = \frac{\square}{90}$$

3 **Ergänze die fehlenden Zahlen.**

a) $\frac{2}{5} = \frac{\square}{10}$ $\frac{3}{8} = \frac{\square}{24}$ $\frac{1}{10} = \frac{\square}{50}$ $\frac{7}{20} = \frac{\square}{60}$ $\frac{5}{12} = \frac{\square}{36}$

b) $\frac{3}{7} = \frac{9}{\square}$ $\frac{5}{6} = \frac{35}{\square}$ $\frac{4}{8} = \frac{32}{\square}$ $\frac{6}{7} = \frac{30}{\square}$ $\frac{7}{10} = \frac{21}{\square}$

c) $\frac{10}{\square} = \frac{20}{24}$ $\frac{11}{\square} = \frac{55}{20}$ $\frac{1}{\square} = \frac{3}{45}$ $\frac{9}{\square} = \frac{27}{21}$ $\frac{2}{\square} = \frac{12}{18}$

4 Kürze.

Kürzen:
Dividiere Zähler
und Nenner durch
die gleiche Zahl.

a)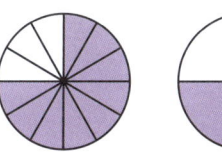

$$\frac{2}{4} = \frac{2:2}{4:2} = \underline{\quad}$$

b)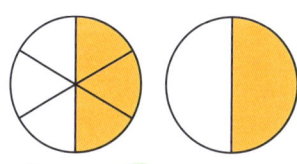

$$\frac{3}{6} = \frac{3:3}{6:3} = \underline{\quad}$$

c)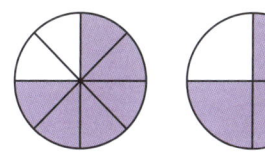

$$\frac{6}{8} = \underline{\quad} = \underline{\quad}$$

d)

$$\frac{9}{12} = \underline{\quad} = \underline{\quad}$$

e)

$$\frac{6}{9} = \underline{\quad} = \underline{\quad}$$

f)

$$\frac{4}{8} = \underline{\quad} = \underline{\quad}$$

g)

$$\frac{8}{12} = \underline{\quad} = \underline{\quad}$$

h)

$$\frac{4}{16} = \underline{\quad} = \underline{\quad}$$

5 Durch welche Zahl wurde gekürzt?

a)
$$\frac{12 \;:3}{15 \;:3} = \frac{4}{5}$$

$$\frac{16 \;:\;\square}{24 \;:\;\square} = \frac{2}{3}$$

$$\frac{7 \;:\;\square}{21 \;:\;\square} = \frac{1}{3}$$

$$\frac{8 \;:\;\square}{20 \;:\;\square} = \frac{2}{5}$$

b)
$$\frac{15 \;:\;\square}{30 \;:\;\square} = \frac{1}{\square}$$

$$\frac{28 \;:\;\square}{35 \;:\;\square} = \frac{4}{\square}$$

$$\frac{4 \;:\;\square}{12 \;:\;\square} = \frac{1}{\square}$$

$$\frac{12 \;:\;\square}{18 \;:\;\square} = \frac{2}{\square}$$

c)
$$\frac{15 \;:\;\square}{20 \;:\;\square} = \frac{\square}{4}$$

$$\frac{24 \;:\;\square}{30 \;:\;\square} = \frac{\square}{5}$$

$$\frac{40 \;:\;\square}{50 \;:\;\square} = \frac{\square}{5}$$

$$\frac{10 \;:\;\square}{12 \;:\;\square} = \frac{\square}{6}$$

6 Kürze so weit wie möglich. Verwende die Kurzschreibweise.

a) $\dfrac{9^{\,1}}{18_{\,2}} = \dfrac{1}{2}$ $\qquad \dfrac{24}{36} = \underline{\quad} \qquad \dfrac{16}{20} = \underline{\quad}$

b) $\dfrac{16}{32} = \underline{\quad} \qquad \dfrac{12}{40} = \underline{\quad} \qquad \dfrac{12}{54} = \underline{\quad}$

c) $\dfrac{21}{49} = \underline{\quad} \qquad \dfrac{36}{60} = \underline{\quad} \qquad \dfrac{60}{80} = \underline{\quad}$

Gleichnamige Brüche haben den gleichen Nenner.

1 Mache die Brüche gleichnamig und vergleiche sie mit $>$, $=$, $<$. Färbe die Bruchteile.

a)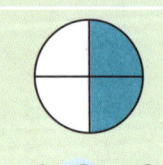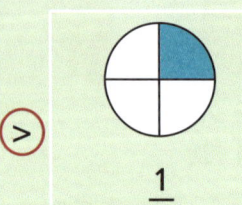

$$\frac{1 \cdot 2}{2 \cdot 2} = \frac{2}{4} \qquad > \qquad \frac{1}{4}$$

b)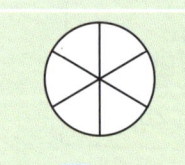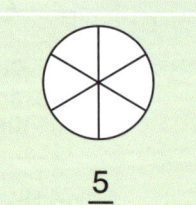

$$\frac{2 \cdot \,}{3 \cdot \,} = \underline{\quad} \qquad \bigcirc \qquad \frac{5}{6}$$

c)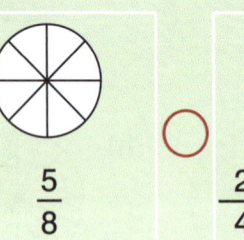

$$\frac{5}{8} \qquad \bigcirc \qquad \frac{2 \cdot \,}{4 \cdot \,} = \underline{\quad}$$

d)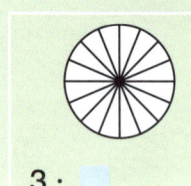

$$\frac{3 \cdot \,}{4 \cdot \,} = \underline{\quad} \qquad \bigcirc \qquad \frac{12}{16}$$

2 a)

$$\frac{1 \cdot \,}{7 \cdot \,} = \underline{\quad} \qquad \bigcirc \qquad \frac{3}{21}$$

$$\frac{7 \cdot \,}{9 \cdot \,} = \underline{\quad} \qquad \bigcirc \qquad \frac{17}{18}$$

$$\frac{3 \cdot \,}{4 \cdot \,} = \underline{\quad} \qquad \bigcirc \qquad \frac{11}{12}$$

b)

$$\frac{5}{16} \qquad \bigcirc \qquad \frac{3 \cdot \,}{4 \cdot \,} = \underline{\quad}$$

$$\frac{7}{20} \qquad \bigcirc \qquad \frac{2 \cdot \,}{5 \cdot \,} = \underline{\quad}$$

$$\frac{23}{24} \qquad \bigcirc \qquad \frac{7 \cdot \,}{8 \cdot \,} = \underline{\quad}$$

3

$$\frac{3 \cdot \,}{4 \cdot \,} = \underline{\quad} \qquad \bigcirc \qquad \frac{7}{12} \qquad \bigcirc \qquad \frac{2 \cdot \,}{3 \cdot \,} = \underline{\quad}$$

$$\frac{3 \cdot \,}{8 \cdot \,} = \underline{\quad} \qquad \bigcirc \qquad \frac{11}{24} \qquad \bigcirc \qquad \frac{5 \cdot \,}{6 \cdot \,} = \underline{\quad}$$

$$\frac{7 \cdot \,}{10 \cdot \,} = \underline{\quad} \qquad \bigcirc \qquad \frac{17}{30} \qquad \bigcirc \qquad \frac{8 \cdot \,}{15 \cdot \,} = \underline{\quad}$$

4 Hier musst du beide Nenner verändern.
Setze ein $>$, $=$, $<$.

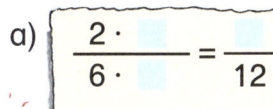

a)
$$\frac{2 \cdot \square}{6 \cdot \square} = \frac{\square}{12}$$

Vielfache von 6

6, ⑫, 18 …

$$\frac{3 \cdot \square}{4 \cdot \square} = \frac{\square}{12}$$

Vielfache von 4

4, 8, ⑫ …

b)
$$\frac{2 \cdot \square}{3 \cdot \square} = \frac{}{\rule{1cm}{0.4pt}}$$

Vielfache von 3

$$\frac{4 \cdot \square}{5 \cdot \square} = \frac{}{\rule{1cm}{0.4pt}}$$

Vielfache von 5

c)
$$\frac{3 \cdot \square}{5 \cdot \square} = \frac{}{\rule{1cm}{0.4pt}}$$

Vielfache von ___

$$\frac{4 \cdot \square}{6 \cdot \square} = \frac{}{\rule{1cm}{0.4pt}}$$

Vielfache von ___

d)
$$\frac{5 \cdot \square}{8 \cdot \square} = \frac{}{\rule{1cm}{0.4pt}}$$

Vielfache von ___

$$\frac{2 \cdot \square}{6 \cdot \square} = \frac{}{\rule{1cm}{0.4pt}}$$

Vielfache von ___

e)
$$\frac{5 \cdot \square}{6 \cdot \square} = \frac{}{\rule{1cm}{0.4pt}}$$

Vielfache von ___

$$\frac{7 \cdot \square}{9 \cdot \square} = \frac{}{\rule{1cm}{0.4pt}}$$

Vielfache von ___

f)
$$\frac{7 \cdot \square}{8 \cdot \square} = \frac{}{\rule{1cm}{0.4pt}}$$

Vielfache von ___

$$\frac{5 \cdot \square}{6 \cdot \square} = \frac{}{\rule{1cm}{0.4pt}}$$

Vielfache von ___

5 Finde jeweils den Hauptnenner.
Kreise ihn ein.

Der kleinste gemeinsame
Nenner heißt Hauptnenner.

a) $\frac{1}{10}$ $\qquad$ $\frac{1}{25}$

10 $\quad$ 25 $\quad$ 50 $\quad$ 100

b) $\frac{5}{6}$ $\qquad$ $\frac{4}{9}$

36 $\quad$ 6 $\quad$ 18 $\quad$ 9

c) $\frac{3}{5}$ $\qquad$ $\frac{3}{6}$

24 $\quad$ 25 $\quad$ 60 $\quad$ 30

d) $\frac{2}{3}$ $\qquad$ $\frac{5}{8}$

24 $\quad$ 38 $\quad$ 48 $\quad$ 16

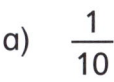

1 **Addiere die Bruchteile.**

a)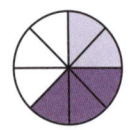

$$\frac{2}{8} + \frac{3}{8} = \frac{2+3}{8} = \frac{5}{8}$$

b)

_____

c)

_____

d)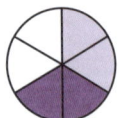

_____

e)

_____

f)

_____

2 **Addiere. Kürze das Ergebnis, wenn möglich.**

$$\frac{5}{20} + \frac{7}{20} = \underline{\hspace{2cm}}$$ $$\frac{3}{12} + \frac{8}{12} = \underline{\hspace{2cm}}$$ $$\frac{2}{16} + \frac{6}{16} = \underline{\hspace{2cm}}$$

$$\frac{4}{15} + \frac{5}{15} = \underline{\hspace{2cm}}$$ $$\frac{7}{14} + \frac{5}{14} = \underline{\hspace{2cm}}$$ $$\frac{5}{18} + \frac{3}{18} = \underline{\hspace{2cm}}$$

3 **Subtrahiere die Bruchteile.**

a)

$$\frac{7}{8} - \frac{4}{8} = \frac{7-4}{8} = \frac{3}{8}$$

b)

_____

c)

_____

d)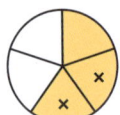

_____

e)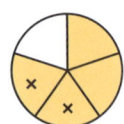

_____

f)

_____

4 **Subtrahiere. Kürze das Ergebnis, wenn möglich.**

$$\frac{14}{15} - \frac{5}{15} = \underline{\hspace{2cm}}$$ $$\frac{17}{20} - \frac{2}{20} = \underline{\hspace{2cm}}$$ $$\frac{9}{12} - \frac{4}{12} = \underline{\hspace{2cm}}$$

$$\frac{11}{12} - \frac{5}{12} = \underline{\hspace{2cm}}$$ $$\frac{12}{13} - \frac{9}{13} = \underline{\hspace{2cm}}$$ $$\frac{17}{20} - \frac{5}{20} = \underline{\hspace{2cm}}$$

1 **Wie heißt der Hauptnenner der Brüche? Verbinde.**

a) $\dfrac{1}{3}$, $\dfrac{1}{4}$ $\dfrac{}{18}$ $\dfrac{1}{6}$, $\dfrac{1}{12}$

$\dfrac{1}{8}$, $\dfrac{1}{4}$ $\dfrac{}{12}$ $\dfrac{1}{8}$, $\dfrac{1}{2}$

$\dfrac{1}{2}$, $\dfrac{2}{9}$ $\dfrac{}{8}$ $\dfrac{5}{18}$, $\dfrac{1}{3}$

b) $\dfrac{1}{10}$, $\dfrac{1}{25}$ $\dfrac{}{60}$ $\dfrac{7}{15}$, $\dfrac{1}{2}$

$\dfrac{3}{20}$, $\dfrac{2}{15}$ $\dfrac{}{50}$ $\dfrac{3}{5}$, $\dfrac{7}{50}$

$\dfrac{5}{6}$, $\dfrac{2}{5}$ $\dfrac{}{30}$ $\dfrac{4}{30}$, $\dfrac{7}{20}$

2 **Bestimme den Hauptnenner und rechne.**   Hauptnenner

a) $\dfrac{1}{4} + \dfrac{1}{6} = \dfrac{1 \cdot 3}{4 \cdot 3} + \dfrac{1 \cdot 2}{6 \cdot 2} = \dfrac{3}{12} + \dfrac{2}{12} =$ _____ $\dfrac{}{12}$

$\dfrac{1}{3} + \dfrac{1}{4} =$ _____ $\dfrac{}{}$

$\dfrac{3}{8} + \dfrac{5}{12} =$ _____ $\dfrac{}{}$

$\dfrac{2}{7} + \dfrac{1}{3} =$ _____ $\dfrac{}{}$

$\dfrac{3}{5} + \dfrac{1}{4} =$ _____ $\dfrac{}{}$

b) $\dfrac{1}{2} - \dfrac{1}{7} =$ _____ $\dfrac{}{}$

$\dfrac{1}{4} - \dfrac{1}{6} =$ _____ $\dfrac{}{}$

$\dfrac{8}{9} - \dfrac{5}{6} =$ _____ $\dfrac{}{}$

$\dfrac{6}{7} - \dfrac{2}{3} =$ _____ $\dfrac{}{}$

$\dfrac{3}{10} - \dfrac{2}{25} =$ _____ $\dfrac{}{}$

1 **Trage in das Koordinatensystem folgende Punkte ein:**

A (1/4), B (9/1), C (9/7), D (4/12), E (11/12), F (4/8,5)

2 **Verbinde nun A mit B und B mit C.**
Verbinde auch D mit E und D mit F.

3 **Miss den Winkel bei B (∢ CBA) und gib seine Winkelart an.**

∢ CBA = ___ °   Er ist ein   ☐ spitzer   Winkel.
                                        ☐ rechter
                                        ☐ stumpfer

4 **Miss den Winkel bei D (∢ FDE) und gib seine Winkelart an.**

∢ FDE = ___ °   Er ist ein   ☐ spitzer   Winkel.
                                        ☐ rechter
                                        ☐ stumpfer

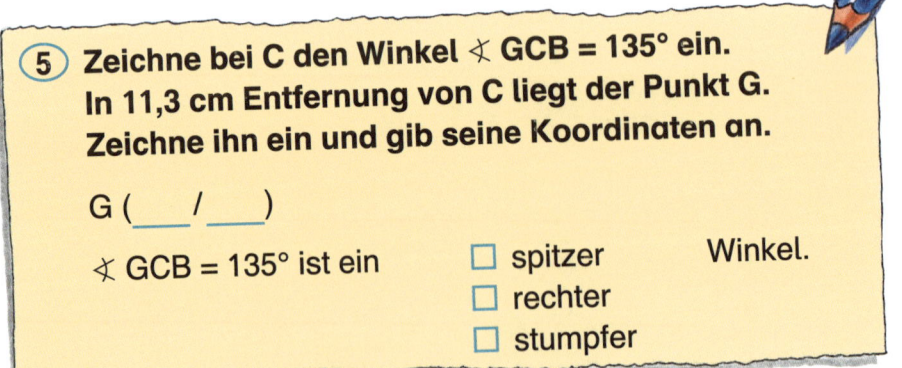

5 **Zeichne bei C den Winkel ∢ GCB = 135° ein.**
In 11,3 cm Entfernung von C liegt der Punkt G.
Zeichne ihn ein und gib seine Koordinaten an.

G (___ / ___)

∢ GCB = 135° ist ein   ☐ spitzer   Winkel.
                            ☐ rechter
                            ☐ stumpfer

6 **Für Mathe-Super-Stars**

Das Viereck CEGF ist ein besonderes Viereck. Wie heißt es?

_____

1 **Verbinde die Brüche mit dem Zahlenstrahl.**

Unechte Brüche sind größer als 1.

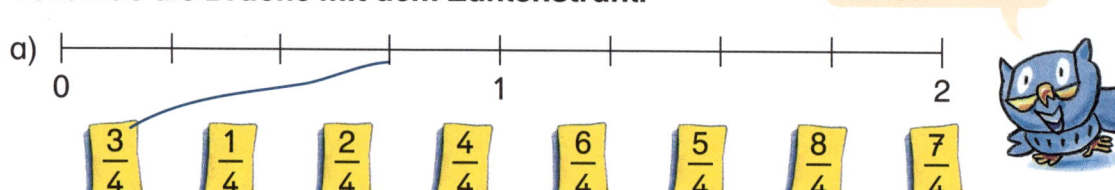

a)

| $\frac{3}{4}$ | $\frac{1}{4}$ | $\frac{2}{4}$ | $\frac{4}{4}$ | $\frac{6}{4}$ | $\frac{5}{4}$ | $\frac{8}{4}$ | $\frac{7}{4}$ |

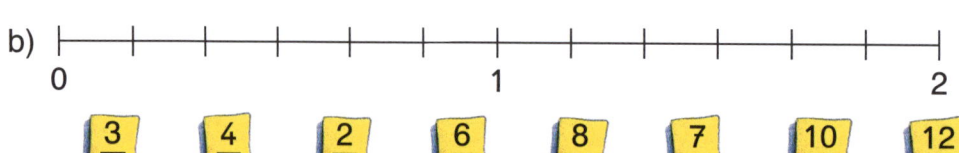

b)

| $\frac{3}{6}$ | $\frac{4}{6}$ | $\frac{2}{6}$ | $\frac{6}{6}$ | $\frac{8}{6}$ | $\frac{7}{6}$ | $\frac{10}{6}$ | $\frac{12}{6}$ |

2 **Wie viele Bruchteile sind es? Färbe und rechne in gemischte Zahlen um.**

a)

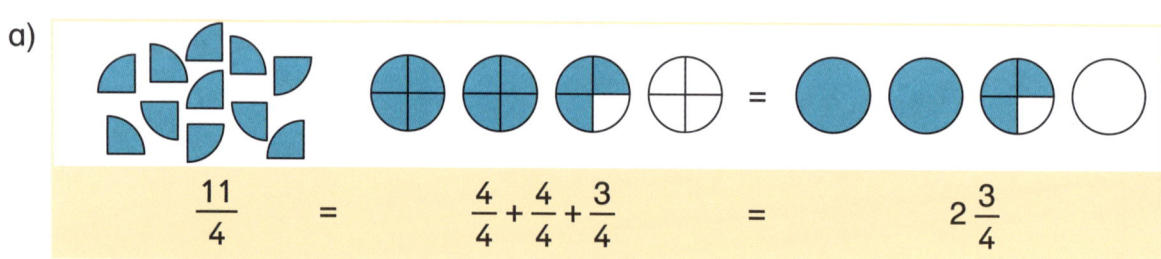

$$\frac{11}{4} = \frac{4}{4} + \frac{4}{4} + \frac{3}{4} = 2\frac{3}{4}$$

b)

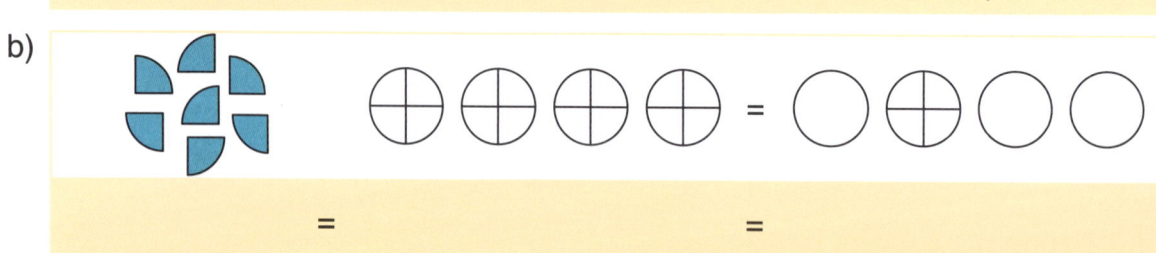

$$\underline{\qquad} = \underline{\qquad} = \underline{\qquad}$$

c)

$$\underline{\qquad} = \underline{\qquad} = \underline{\qquad}$$

d)

$$\underline{\qquad} = \underline{\qquad} = \underline{\qquad}$$

3 Rechne die unechten Brüche in gemischte Zahlen um.

a) $\dfrac{7}{2} = \dfrac{2}{2} + \dfrac{2}{2} + \dfrac{2}{2} + \dfrac{1}{2} = 3\dfrac{1}{2}$

b) $\dfrac{11}{5} =$ _____

$\dfrac{9}{4} =$ _____

$\dfrac{14}{6} =$ _____

$\dfrac{8}{3} =$ _____

$\dfrac{27}{13} =$ _____

$\dfrac{33}{10} =$ _____

$\dfrac{13}{7} =$ _____

4 Rechne die gemischten Zahlen in unechte Brüche um.

a) $1\dfrac{7}{8} = \dfrac{8}{8} + \dfrac{7}{8} = \dfrac{15}{8}$

b) $2\dfrac{4}{5} =$ _____

$3\dfrac{1}{3} =$ _____

$1\dfrac{2}{3} =$ _____

$1\dfrac{3}{4} =$ _____

$2\dfrac{9}{10} =$ _____

$1\dfrac{6}{7} =$ _____

$3\dfrac{7}{9} =$ _____

5 Ordne die Brüche richtig ein.

a) 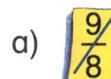 $\dfrac{9}{8}$ $\dfrac{7}{4}$ $\dfrac{9}{10}$ $\dfrac{7}{2}$ $\dfrac{15}{20}$ $\dfrac{5}{13}$

b) $\dfrac{9}{4}$ $\dfrac{3}{7}$ $\dfrac{8}{9}$ $\dfrac{16}{21}$ $\dfrac{13}{10}$ $\dfrac{7}{3}$

$\dfrac{9}{8}$,

⟨< 1⟩   ⟨> 1⟩

⟨< 1⟩   ⟨> 1⟩

6 Setze ein: $<$ $=$ $>$

a) $1\dfrac{4}{7} \bigcirc \dfrac{12}{7}$ $1\dfrac{7}{8} \bigcirc \dfrac{10}{8}$  b) $2\dfrac{7}{8} \bigcirc \dfrac{43}{16}$ $1\dfrac{3}{6} \bigcirc 1\dfrac{1}{2}$

$2\dfrac{1}{4} \bigcirc \dfrac{9}{4}$ $1\dfrac{3}{4} \bigcirc \dfrac{7}{4}$ $3\dfrac{4}{12} \bigcirc 4\dfrac{1}{4}$ $2\dfrac{8}{21} \bigcirc 2\dfrac{1}{3}$

Schreibe das Ergebnis als gemischte Zahl und kürze, wenn möglich.

1 a) $1\frac{3}{8} + 2\frac{1}{8} = 3\frac{4}{8} = 3\frac{1}{2}$ b) $6\frac{2}{3} + 2\frac{3}{4} =$ _____

$2\frac{1}{7} + 4\frac{4}{7} =$ _____ $4\frac{7}{8} + 1\frac{3}{4} =$ _____

$6\frac{2}{9} + 1\frac{4}{9} =$ _____ $2\frac{4}{6} + 2\frac{1}{8} =$ _____

$3\frac{5}{12} + 2\frac{4}{12} =$ _____ $3\frac{2}{15} + 1\frac{7}{5} =$ _____

$2\frac{4}{6} + 1\frac{5}{6} =$ _____ $5\frac{3}{10} + 2\frac{4}{15} =$ _____

$1\frac{4}{5} + 2\frac{1}{5} =$ _____ $1\frac{7}{9} + 1\frac{3}{18} =$ _____

$5\frac{7}{8} + 1\frac{6}{8} =$ _____ $2\frac{1}{6} + 2\frac{1}{9} =$ _____

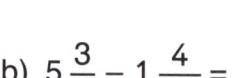

2 a) $3\frac{7}{8} - 1\frac{2}{8} =$ _____   b) $5\frac{3}{4} - 1\frac{4}{12} =$ _____

$2\frac{4}{7} - 1\frac{2}{7} =$ _____ $2\frac{2}{3} - 1\frac{13}{21} =$ _____

$4\frac{9}{12} - 2\frac{3}{12} =$ _____ $3\frac{9}{12} - 1\frac{4}{24} =$ _____

$6\frac{7}{9} - 1\frac{1}{9} =$ _____ $8\frac{4}{7} - 3\frac{1}{3} =$ _____

$4\frac{3}{8} - 1\frac{3}{8} =$ _____ $4\frac{8}{9} - 2\frac{1}{6} =$ _____

$5\frac{2}{3} - 2\frac{1}{3} =$ _____ $3\frac{8}{15} - 1\frac{2}{10} =$ _____

$6\frac{4}{5} - 3\frac{2}{5} =$ _____ $6\frac{5}{6} - 2\frac{3}{12} =$ _____

3 a) $3 \frac{2}{7} - \frac{5}{14} = \frac{23}{7} - \frac{5}{14} = \frac{46}{14} - \frac{5}{14} = \frac{41}{14} = 2 \frac{13}{14}$

$4 \frac{3}{10} - 1 \frac{4}{5} =$ _____

$\frac{9}{12} - \frac{1}{2} =$ _____

$2 \frac{2}{3} - \frac{8}{9} =$ _____

$5 \frac{1}{12} - 1 \frac{1}{3} =$ _____

$4 \frac{5}{18} - 1 \frac{5}{6} =$ _____

b) $\frac{3}{8} + 2 \frac{5}{12} =$ _____

$\frac{1}{2} + 4 \frac{7}{11} =$ _____

$\frac{4}{7} + 3 \frac{2}{3} =$ _____

$2 \frac{1}{5} + \frac{5}{8} =$ _____

$3 \frac{1}{3} + \frac{4}{7} =$ _____

$1 \frac{2}{9} + \frac{3}{4} =$ _____

4 **Rechne. Kürze das Ergebnis, wenn möglich.**

$2 \frac{3}{8} - 1 \frac{3}{5} =$ _____

$3 \frac{4}{7} - 2 \frac{2}{3} =$ _____

$5 \frac{4}{5} - 1 \frac{6}{7} =$ _____

1 **Färbe und rechne.**

$$3 \cdot \frac{3}{10} = \frac{3 \cdot 3}{10} = \frac{9}{10}$$

Wenn man einen Bruch mit einer natürlichen Zahl multipliziert, wird nur der Zähler mit der Zahl multipliziert, der Nenner bleibt gleich.

a) $2 \cdot \frac{1}{6} = \frac{2 \cdot 1}{6} = \frac{2}{6} = \frac{1}{3}$

b) $3 \cdot \frac{1}{4} =$ _____

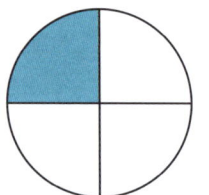

c) $3 \cdot \frac{2}{7} =$ _____

d) $4 \cdot \frac{3}{16} =$ _____

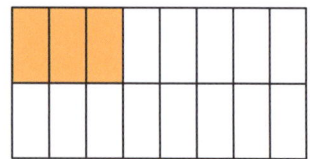

e) $2 \cdot \frac{4}{9} =$ _____

f) $6 \cdot \frac{1}{12} =$ _____

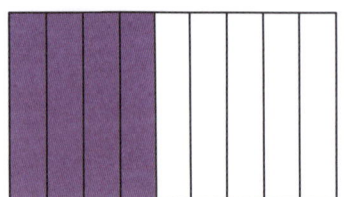

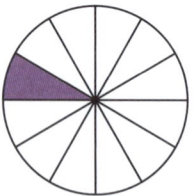

2 **Rechne.**

a) $4 \cdot \frac{3}{7} =$ _____

b) $2 \cdot \frac{3}{5} =$ _____

$6 \cdot \frac{2}{3} =$ _____

$5 \cdot \frac{1}{10} =$ _____

$2 \cdot \frac{5}{6} =$ _____

$3 \cdot \frac{3}{16} =$ _____

$7 \cdot \frac{1}{2} =$ _____

$6 \cdot \frac{3}{4} =$ _____

3 **Kürze vor dem Multiplizieren.**

a) $7 \cdot \dfrac{5}{14} = \dfrac{\overset{1}{\cancel{7}} \cdot 5}{\cancel{14}_2} = \dfrac{5}{2} =$ _____

   $10 \cdot \dfrac{3}{5} =$ _____

   $9 \cdot \dfrac{5}{6} =$ _____

   $4 \cdot \dfrac{3}{8} =$ _____

   $3 \cdot \dfrac{7}{9} =$ _____

   $8 \cdot \dfrac{1}{4} =$ _____

   $12 \cdot \dfrac{5}{24} =$ _____

b) $6 \cdot \dfrac{5}{12} =$ _____

   $5 \cdot \dfrac{3}{10} =$ _____

   $12 \cdot \dfrac{3}{4} =$ _____

   $8 \cdot \dfrac{7}{24} =$ _____

   $9 \cdot \dfrac{2}{3} =$ _____

   $100 \cdot \dfrac{4}{5} =$ _____

   $30 \cdot \dfrac{1}{6} =$ _____

4 **Rechne.**

Schreibe die gemischte Zahl als Bruch. Kürze und multipliziere dann.

a) $4 \cdot 3\dfrac{1}{2} = 4 \cdot \dfrac{7}{2} = \dfrac{\overset{2}{\cancel{4}} \cdot 7}{\cancel{2}_1} =$ _____

   $2 \cdot 5\dfrac{2}{3} =$ _____

   $6 \cdot 1\dfrac{1}{8} =$ _____

   $3 \cdot 4\dfrac{5}{6} =$ _____

b) $2\dfrac{3}{10} \cdot 5 = \dfrac{23}{10} \cdot 5 = \dfrac{23 \cdot 5}{10} =$ _____

   $1\dfrac{4}{7} \cdot 14 =$ _____

   $6\dfrac{8}{9} \cdot 3 =$ _____

   $3\dfrac{2}{5} \cdot 10 =$ _____

Zähler

Nenner

1 **Zeichne ein und rechne.**

a) $\dfrac{1}{2} \cdot \dfrac{1}{3} = \dfrac{1 \cdot 1}{2 \cdot 3} =$ _____

b) $\dfrac{1}{2} \cdot \dfrac{1}{4} =$ _____

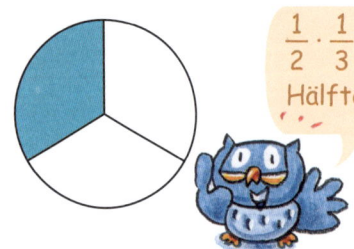

$\dfrac{1}{2} \cdot \dfrac{1}{3}$ bedeutet die Hälfte von $\dfrac{1}{3}$, also ...

c) $\dfrac{1}{3} \cdot \dfrac{1}{4} =$ _____

d) $\dfrac{1}{2} \cdot \dfrac{1}{2} =$ _____

e) $\dfrac{1}{2} \cdot \dfrac{3}{5} =$ _____

$\dfrac{1}{4}$ von $\dfrac{2}{5}$ ...

f) $\dfrac{1}{4} \cdot \dfrac{2}{5} =$ _____

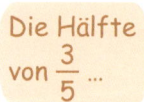
Die Hälfte von $\dfrac{3}{5}$ ...

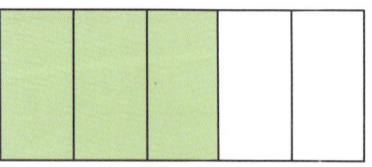

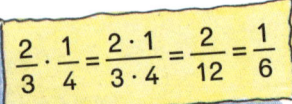
$\dfrac{2}{3} \cdot \dfrac{1}{4} = \dfrac{2 \cdot 1}{3 \cdot 4} = \dfrac{2}{12} = \dfrac{1}{6}$

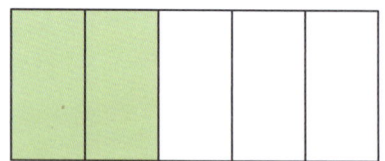
Wenn man einen Bruch mit einem Bruch multipliziert, wird der Zähler mit dem Zähler und der Nenner mit dem Nenner multipliziert.

2 **Rechne. Kürze, wenn möglich.**

a) $\dfrac{2}{3} \cdot \dfrac{4}{5} = \dfrac{2 \cdot 4}{3 \cdot 5} =$ _____

$\dfrac{3}{4} \cdot \dfrac{8}{9} =$ _____

$\dfrac{1}{2} \cdot \dfrac{4}{5} =$ _____

b) $\dfrac{2}{5} \cdot \dfrac{5}{8} =$ _____

$\dfrac{5}{9} \cdot \dfrac{6}{7} =$ _____

$\dfrac{2}{3} \cdot \dfrac{4}{9} =$ _____

Lösungen Mathe-Stars 6

(zum Heraustrennen die mittlere Klammer lösen)

① Male die Fachbegriffe, die zusammengehören, in der gleichen Farbe an.

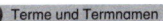

multipliziert mit	Produkt	Addition	Multiplikation
Subtraktion	Summe	Differenz	minus
Quotient	plus	Division	dividiert durch

② Berechne die Terme und trage die Fachbegriffe ein.

Subtraktion	Multiplikation	Addition	Division
8 4 6 1 3	5 4 3 · 2 7	3 6 4 5 3	6 6 6 : 9 = 7 4
− 4 9 8 2 7	1 0 8 6	8 6 0 5	− 6 3
	3 8 0 1	1 9 6 1 4	3 6
3 4 7 8 6	1 4 6 6 1	+ 3 7 1	− 3 6
		6 5 0 4 3	0
Differenz	**Produkt**	**Summe**	**Quotient**

③ Schreibe untereinander und rechne.

Bei Addition und Subtraktion bin ich fit!

a) 34 + 8 612 + 354   672 + 79 + 12 906   6 004 + 317 + 65

```
      3 4           6 7 2         6 0 0 4
  8 6 1 2             7 9           3 1 7
+   3 5 4      + 1 2 9 0 6       +    6 5
  9 0 0 0       1 3 6 5 7         6 3 8 6
```

b) 68 528 − 965   37 164 − 1 583   80 108 − 5 679

```
  6 8 5 2 8       3 7 1 6 4       8 0 1 0 8
−     9 6 5     −   1 5 8 3     −   5 6 7 9
  6 7 5 6 3       3 5 5 8 1       7 4 4 2 9
```

④ a)

```
3 1 0 · 2 3       4 5 6 · 8 7 4        6 3 2 5 · 4 8 2
      6 2 0         3 6 4 8              2 5 3 0 0
      9 3 0         3 1 9 2              5 0 6 0 0
    7 1 3 0           1 8 2 4             1 2 6 5 0
                    3 9 8 5 4 4        3 0 4 8 6 5 0
```

b)

```
  1 4 0 4 : 5 4 = 2 6
− 1 0 8                        5 2 3 2 : 8 = 6 5 4
    3 2 4                    − 4 8
  − 3 2 4                       4 3
        0                     − 4 0
                                 3 2                1 5 1 3 : 1 7 = 8 9
                               − 3 2              − 1 3 6
                                   0                  1 5 3
                                                    − 1 5 3
                                                         0
```

⑤ Für Mathe-Super-Stars

a) Dividiere die Differenz der Zahlen 20 792 und 10 937 durch 9.

```
  2 0 7 9 2
− 1 0 9 3 7
  9 8 5 5

  9 8 5 5 : 9 = 1 0 9 5
− 9
  0 8
  − 8 5
    8 1
  − 8 1
      4 5
    − 4 5
        0
```

Die gesuchte Zahl heißt __1095__.

b) Multipliziere die Summe der Zahlen 804 und 789 mit dem Quotienten aus 392 und 8.

```
8 0 4 + 7 8 9 = 1 5 9 3

3 9 2 : 8 = 4 9
− 3 2
    7 2
  − 7 2
      0

1 5 9 3 · 4 9
    6 3 7 2
  1 4 3 3 7
  7 8 0 5 7
```

Die gesuchte Zahl heißt __78 057__.

① 5 6 + 3 8 = 9 4   **5 4 3 2 7 + 1 0 7 3 =** 5 5 4 0 0

 7 5 + 6 3 = 1 3 8   **4 9 6 6 8 + 3 3 2 =** 5 0 0 0 0

 6 6 + 9 8 = 1 6 4   **8 3 7 8 4 + 2 0 1 6 =** 8 5 8 0 0

② 9 3 − 5 6 = 3 7   **8 9 6 5 7 − 1 0 5 7 =** 8 8 6 0 0

 8 6 − 4 9 = 3 7   **5 2 4 6 1 − 2 4 0 0 =** 5 0 0 6 1

 7 3 − 3 5 = 3 8   **9 1 6 0 7 − 2 1 0 0 7 =** 7 0 6 0 0

③ Fasse geschickt zusammen.

 4 9 + 6 8 + 5 1 = 1 6 8   6 7 + 5 4 + 6 6 + 2 3 = 2 1 0
   1 0 0 + 6 8 = 1 6 8   9 0 + 1 2 0 = 2 1 0

 6 9 + 2 7 + 3 3 = 1 2 9   1 3 7 + 5 6 − 1 0 7 = 8 6
   6 0 + 6 9 = 1 2 9   3 0 + 5 6 = 8 6

 9 8 + 5 2 − 6 8 = 8 2   3 6 + 5 4 + 1 7 = 1 0 7
   1 5 0 − 6 8 = 8 2   9 0 + 1 7 = 1 0 7

 8 2 + 4 9 − 6 2 = 6 9   7 6 + 9 8 − 6 6 = 1 0 8
   2 0 + 4 9 = 6 9   1 0 + 9 8 = 1 0 8

 7 7 + 2 6 − 1 7 = 8 6   2 8 4 + 7 6 − 8 4 = 2 7 6
   6 0 + 2 6 = 8 6   2 0 0 + 7 6 = 2 7 6

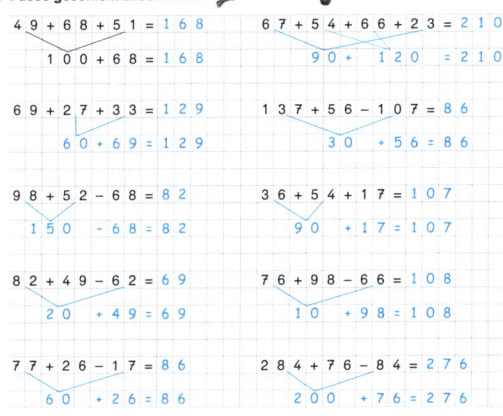

---

④ Rechne „Punkt vor Strich".

 6 4 9 + 8 · 9 = 7 2 1   5 · 1 2 + 1 3 1 7 = 1 3 7 7
 6 4 9 + 7 2 = 7 2 1   6 0 + 1 3 1 7 = 1 3 7 7

 3 0 6 − 6 3 : 9 = 2 9 9   1 0 0 0 : 4 − 9 8 = 1 5 2
 3 0 6 − 7 = 2 9 9   2 5 0 − 9 8 = 1 5 2

 5 9 0 + 1 0 · 7 = 6 6 0   8 1 0 : 9 − 3 2 = 5 8
 5 9 0 + 7 0 = 6 6 0   9 0 − 3 2 = 5 8

 7 5 8 − 4 8 : 6 = 7 5 0   7 · 8 + 2 5 2 4 = 2 5 8 0
 7 5 8 − 8 = 7 5 0   5 6 + 2 5 2 4 = 2 5 8 0

⑤ Die Klammer wird zuerst gerechnet.

 9 · (2 6 − 1 8) = 7 2   (5 9 + 4 1) · 3 0 = 3 0 0 0
 9 · 8 = 7 2   1 0 0 · 3 0 = 3 0 0 0

 (5 1 − 4 6) · (6 3 + 1 7) = 4 0 0   (9 3 7 + 5 3) : 1 1 0 = 9
 5 · 8 0 = 4 0 0   9 9 0 : 1 1 0 = 9

⑥ 6 5 0 + 2 5 0 · 8 = 2 6 5 0   **1 0 0 0 − 5 0 0 : 5 0 = 9 9 0**
 6 5 0 + 2 0 0 0 = 2 6 5 0   1 0 0 0 − 1 0 = 9 9 0

 (6 5 0 + 2 5 0) · 8 = 7 2 0 0   (1 0 0 0 − 5 0 0) : 5 0 = 1 0
 9 0 0 · 8 = 7 2 0 0   5 0 0 : 5 0 = 1 0

① **Wie heißen diese Vierecke? Die Silben helfen dir dabei.**

Quadrat

Raute

Parallelogramm

Trapez

Rechteck

Drachenviereck

chen – dra – drat – eck – eck – gramm – le – lo – pa – pez – qua – ral – rau – recht – te – tra – vier

② **Im Land der Flächen: Welche Vierecke siehst du im Bild?**

Färbe die Vierecke:
Quadrate	= orange	O
Rechtecke	= gelb	Ge
Rauten	= violett	V
Parallelogramme	= grün	Gr
Trapeze	= rot	R
Drachenvierecke	= blau	B

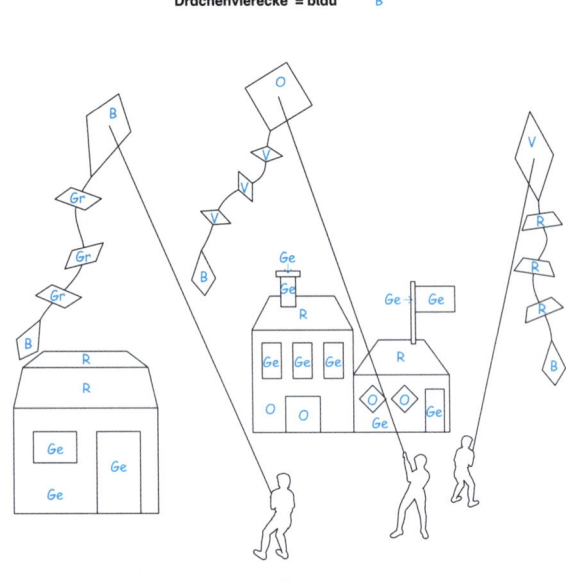

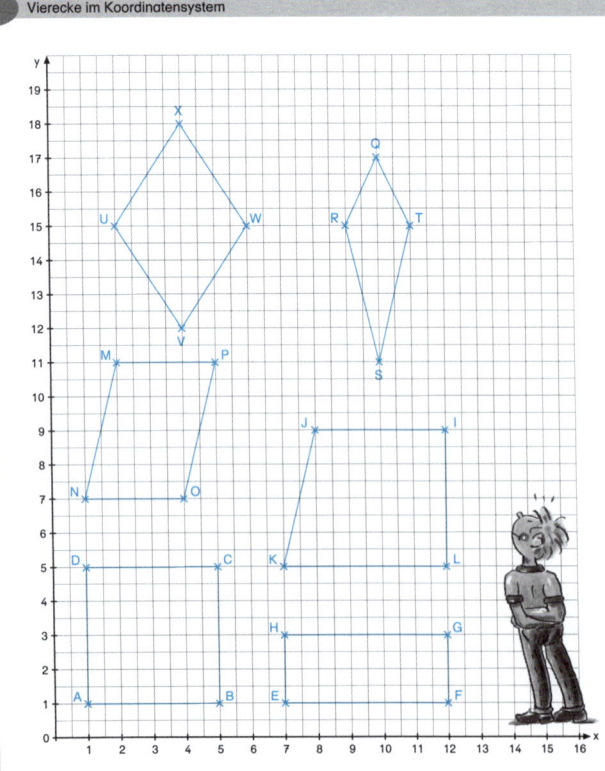

① **Trage folgende Punkte ins Koordinatensystem ein.**

A (1/1), B (5/1), C (5/5), E (7/1), F (12/1), G (12/3), I (12/9),
J (8/9), K (7/5), M (2/11), N (1/7), O (4/7), P (5/11), Q (10/17),
R (9/15), S (10/11), T (11/15), U (2/15), V (4/12), W (6/15)

② **A, B und C sind Eckpunkte eines Quadrats.**

Welche Koordinaten hat der fehlende Eckpunkt D? (1 / 5)
Zeichne das Quadrat fertig.

③ **E, F und G sind Eckpunkte eines Rechtecks.**

Welche Koordinaten hat der fehlende Eckpunkt H? (7 / 3)
Zeichne das Rechteck fertig.

④ **Welches Viereck entsteht, wenn man M mit N, N mit O,
O mit P und P mit M verbindet?**

Parallelogramm

⑤ **Verbinde I mit J und J mit K. Sie sind Eckpunkte eines
Trapezes. Welcher der drei folgenden Punkte ist der
fehlende vierte Punkt? Kreuze ihn an.**

☐ L₁ (12/4)   ☒ L₂ (12/5)   ☐ L₃ (12/6)

⑥ **Welches Viereck entsteht, wenn man Q mit R, R mit S,
S mit T und T mit Q verbindet?**

Drachenviereck

⑦ **U, V und W sind Eckpunkte einer Raute.
Kreuze den vierten Punkt an.**

☐ X₁ (4/17)   ☒ X₂ (4/18)   ☐ X₃ (5/18)

Zeichne die Raute fertig.

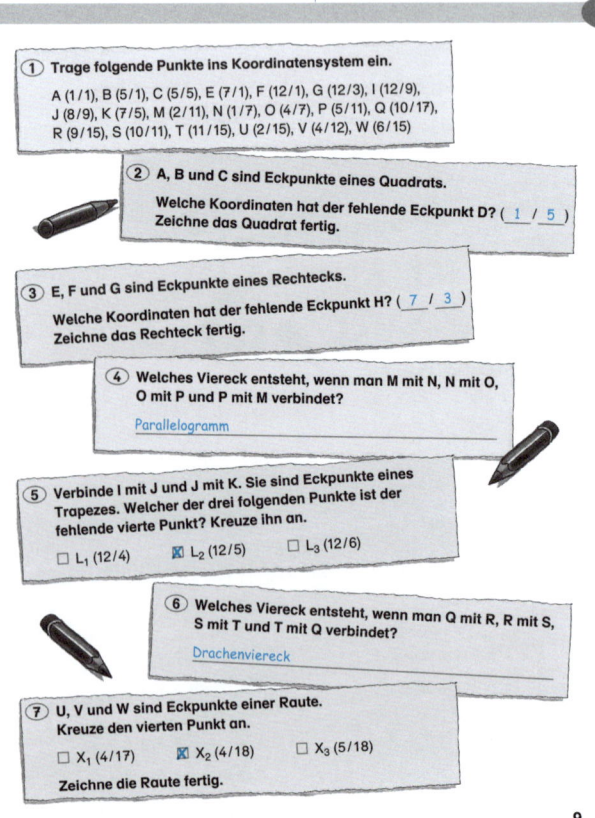

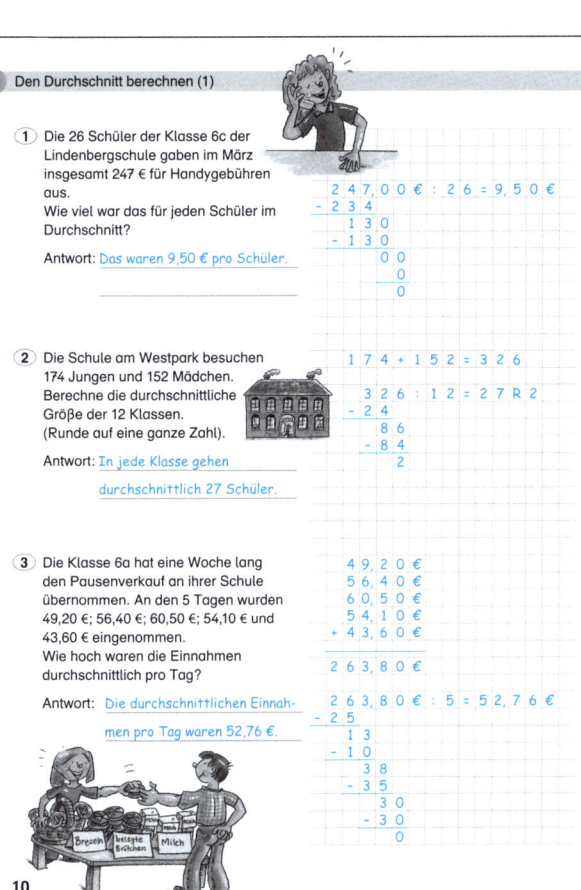

1 Die 26 Schüler der Klasse 6c der Lindenbergschule gaben im März insgesamt 247 € für Handygebühren aus.
Wie viel war das für jeden Schüler im Durchschnitt?

Antwort: Das waren 9,50 € pro Schüler.

```
2 4 7 , 0 0 € : 2 6 = 9 , 5 0 €
- 2 3 4
    1 3 0
  - 1 3 0
      0 0
       0
       0
```

2 Die Schule am Westpark besuchen 174 Jungen und 152 Mädchen.
Berechne die durchschnittliche Größe der 12 Klassen.
(Runde auf eine ganze Zahl).

Antwort: In jede Klasse gehen durchschnittlich 27 Schüler.

```
1 7 4 + 1 5 2 = 3 2 6

3 2 6 : 1 2 = 2 7 R 2
- 2 4
   8 6
 - 8 4
    2
```

3 Die Klasse 6a hat eine Woche lang den Pausenverkauf an ihrer Schule übernommen. An den 5 Tagen wurden 49,20 €; 56,40 €; 60,50 €; 54,10 € und 43,60 € eingenommen.
Wie hoch waren die Einnahmen durchschnittlich pro Tag?

Antwort: Die durchschnittlichen Einnahmen pro Tag waren 52,76 €.

```
  4 9 , 2 0 €
  5 6 , 4 0 €
  6 0 , 5 0 €
  5 4 , 1 0 €
+ 4 3 , 6 0 €
  2 6 3 , 8 0 €

2 6 3 , 8 0 € : 5 = 5 2 , 7 6 €
- 2 5
   1 3
 - 1 0
    3 8
  - 3 5
     3 0
   - 3 0
      0
```

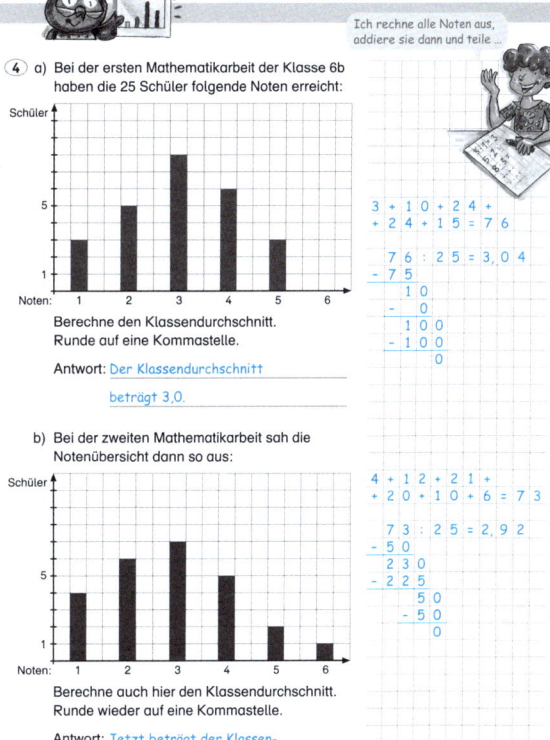

4 a) Bei der ersten Mathematikarbeit der Klasse 6b haben die 25 Schüler folgende Noten erreicht:

Berechne den Klassendurchschnitt. Runde auf eine Kommastelle.

Antwort: Der Klassendurchschnitt beträgt 3,0.

```
3 + 1 0 + 2 4 +
+ 2 4 + 1 5 = 7 6

7 6 : 2 5 = 3 , 0 4
- 7 5
   1 0
 -  0
   1 0 0
 - 1 0 0
     0
```

b) Bei der zweiten Mathematikarbeit sah die Notenübersicht dann so aus:

Berechne auch hier den Klassendurchschnitt. Runde wieder auf eine Kommastelle.

Antwort: Jetzt beträgt der Klassendurchschnitt 2,9.

```
4 + 1 2 + 2 1 +
+ 2 0 + 1 0 + 6 = 7 3

7 3 : 2 5 = 2 , 9 2
- 5 0
  2 3 0
- 2 2 5
    5 0
  - 5 0
     0
```

---

1 Fabian möchte seine Mathematiknote ausrechnen. Er hat in den 3 Arbeiten einmal eine 2 und zweimal eine 3 geschrieben. Seine mündlichen Leistungen wurden insgesamt mit 1,6 bewertet und zählen insgesamt so viel wie eine Schulaufgabe.

Antwort: Seine Mathematiknote ist 2,4.

```
2 + 6 + 1,6 = 9,6

9,6 : 4 = 2,4
```

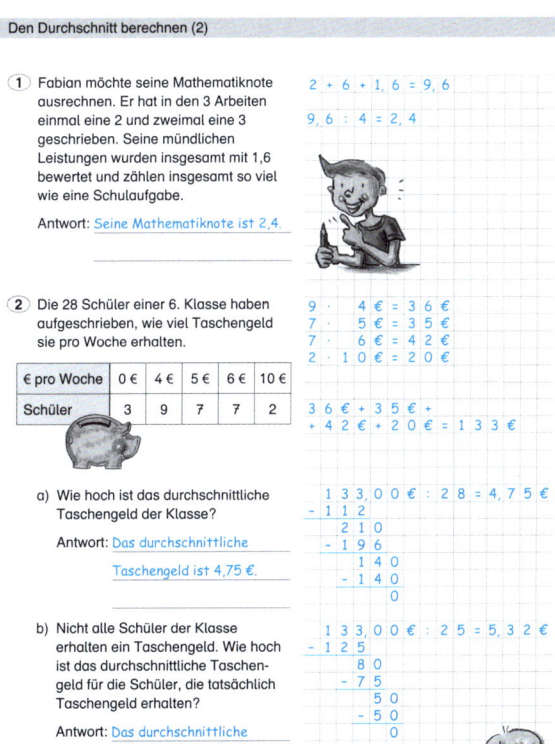

2 Die 28 Schüler einer 6. Klasse haben aufgeschrieben, wie viel Taschengeld sie pro Woche erhalten.

€ pro Woche	0 €	4 €	5 €	6 €	10 €
Schüler	3	9	7	7	2

```
9 ·  4 € = 3 6 €
7 ·  5 € = 3 5 €
7 ·  6 € = 4 2 €
2 · 1 0 € = 2 0 €

3 6 € + 3 5 € +
+ 4 2 € + 2 0 € = 1 3 3 €
```

a) Wie hoch ist das durchschnittliche Taschengeld der Klasse?

Antwort: Das durchschnittliche Taschengeld ist 4,75 €.

```
1 3 3 , 0 0 € : 2 8 = 4 , 7 5 €
- 1 1 2
    2 1 0
  - 1 9 6
      1 4 0
    - 1 4 0
        0
```

b) Nicht alle Schüler der Klasse erhalten ein Taschengeld. Wie hoch ist das durchschnittliche Taschengeld für die Schüler, die tatsächlich Taschengeld erhalten?

Antwort: Das durchschnittliche Taschengeld beträgt dann 5,32 €.

```
1 3 3 , 0 0 € : 2 5 = 5 , 3 2 €
- 1 2 5
      8 0
    - 7 5
      5 0
    - 5 0
       0
```

3 Von den 23 Spielern der deutschen Fußballnationalmannschaft, die an der EM 2008 teilgenommen haben, waren:

- je 2 Spieler 21, 27 und 29 Jahre alt,
- je 3 Spieler 36 und 31 Jahre alt,
- je 4 Spieler 23 und 24 Jahre alt und
- je 1 Spieler war 28, 35 und 38 Jahre alt.

Berechne das Durchschnittsalter der Nationalmannschaft.

Antwort: Das Durchschnittsalter war 28 Jahre.

```
4 2 + 5 4 + 5 8 +
+ 1 0 8 + 9 3 +
+ 9 2 + 9 6 + 2 8 +
+ 3 5 + 3 8 = 6 4 4

6 4 4 : 2 3 = 2 8
- 4 6
  1 8 4
- 1 8 4
    0
```

4 Der Zirkus Bamboni gastierte 5 Tage lang in Kempten. In dieser Zeit kamen 427 Besucher zu den Nachmittagsvorstellungen und 956 Besucher zu den Abendvorstellungen.
a) Wie viele Besucher waren dies durchschnittlich pro Tag? (Runde auf eine ganze Zahl.)

Antwort: Es waren pro Tag 277 Besucher.

```
4 2 7 + 9 5 6 =
          = 1 3 8 3
```

b) Konnte der Zirkus seine Unkosten in Höhe von täglich 940 € decken, wenn jeder Besucher durchschnittlich 4,80 € bezahlt hat?

Antwort: Er konnte seine Unkosten decken.

(Platz für Nebenrechnungen)

```
1 3 8 3 : 5 = 2 7 6 , 6
- 1 0
    3 8
  - 3 5
     3 3
   - 3 0
      3 0
    - 3 0
       0

2 7 6 , 6 ≈ 2 7 7
```

```
2 7 7 · 4 , 8 0 € =
          = 1 3 2 9 , 6 0 €
```

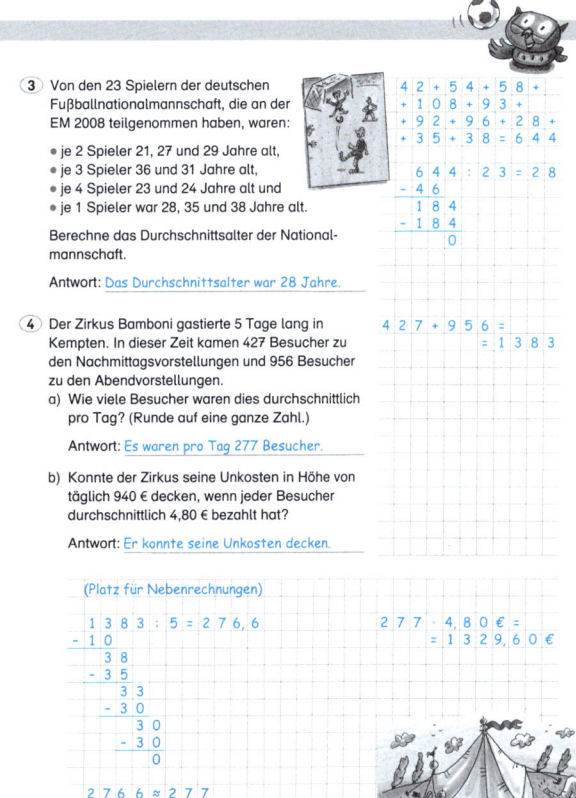

1 a) **Kreise die Vielfachen von 9 ein.**

900   43   270   56   9   54   27   90   6 300

18   360   36   450   662   540   9 000

19

b) **Kreise ein: rot = Vielfache von 6, blau = Vielfache von 7**

Doppelt eingekreist:
Gemeinsame Vielfache!

49   54   4 200   42   37
35   56   300
1 400   490   640   41   1 200   280
48   420

2 **Gemeinsame Vielfache: Kreise nur die gemeinsamen Vielfachen ein.**

a) **von 2 und 3**

2   16   6   20   18
12   15   10   21
27
3   30
14   4   9   8

b) **von 4 und 5**

32   16   35   12   4
40   25   28   15
10
20   36   24   5   8

c) **von 3 und 6**

18   12   27   6
30   3   15
9
21   36   60

d) **von 7 und 8**

7   80   56   21   16   48
72   28   49   64
35   32   8   40
24   14   70   42   63

3 **Male bei Aufgabe 2 das jeweils „kleinste gemeinsame Vielfache" rot an.**

Ergänze: Das „**kleinste** gemeinsame Vielfache" ...

... von 2 und 3 ist 6 .   ... von 4 und 5 ist 20 .

... von 3 und 6 ist 6 .   ... von 7 und 8 ist 56 .

---

4 **Teiler gesucht**

Durch welche Zahlen kannst du ohne Rest teilen?

12 : 1 = 12	24 : 1 = 24	36 : 1 = 36	64 : 1 = 64
12 : 2 = 6	24 : 2 = 12	36 : 2 = 18	64 : 2 = 32
12 : 3 = 4	24 : 3 = 8	36 : 3 = 12	64 : 4 = 16
12 : 4 = 3	24 : 4 = 6	36 : 4 = 9	64 : 8 = 8
12 : 6 = 2	24 : 6 = 4	36 : 6 = 6	64 : 16 = 4
12 : 12 = 1	24 : 8 = 3	36 : 9 = 4	64 : 32 = 2
	24 : 12 = 2	36 : 12 = 3	64 : 64 = 1
	24 : 24 = 1	36 : 18 = 2	
		36 : 36 = 1	

5 **Gemeinsamer Teiler**

Welche Teiler passen bei beiden Zahlen? Kreise ein.

a) **von 24 und 36**

8   6
2   3
4   9   12

b) **von 30 und 12**

2   6
3   5
10

c) Male den „**größten** gemeinsamen Teiler" rot an.

6 **Suche gemeinsame Teiler von:**

a) 18 und 27

3   1
9

b) 48 und 36

12   4   1
3   2   6

c) Male den „**größten** gemeinsamen Teiler" rot an.

---

1 **Wie viele Bruchteile des Ganzen sind es jeweils?**

a) $1 = \frac{8}{8}$ $\frac{1}{8}$ $\frac{3}{8}$ $\frac{5}{8}$

b) $1 = \frac{4}{4}$ $\frac{1}{4}$ $\frac{2}{4}$ $\frac{3}{4}$

c) $1 = \frac{24}{24}$ $\frac{1}{24}$ $\frac{10}{24}$ $\frac{16}{24}$

d) $1 = \frac{16}{16}$ $\frac{1}{16}$ $\frac{4}{16}$ $\frac{9}{16}$

e) $1 = \frac{5}{5}$ $\frac{1}{5}$ $\frac{3}{5}$ $\frac{4}{5}$

f) $1 = \frac{7}{7}$ $\frac{1}{7}$ $\frac{3}{7}$ $\frac{5}{7}$

2 **Welcher Bruchteil wurde gefärbt?**

a) $\frac{2}{8}$ $\frac{1}{4}$ $\frac{7}{16}$ $\frac{1}{3}$

b) $\frac{5}{10}$ $\frac{4}{9}$ $\frac{5}{6}$ $\frac{8}{15}$

c) $\frac{1}{4}$ $\frac{3}{8}$

   $\frac{2}{3}$ $\frac{7}{10}$

3 **Färbe die angegebenen Bruchteile.**

a) $\frac{3}{4}$ $\frac{4}{8}$ $\frac{2}{3}$ $\frac{7}{12}$

b) $\frac{4}{9}$ $\frac{5}{7}$ $\frac{6}{8}$ $\frac{2}{6}$

c) $\frac{5}{6}$ $\frac{2}{8}$

   $\frac{1}{3}$ $\frac{3}{5}$

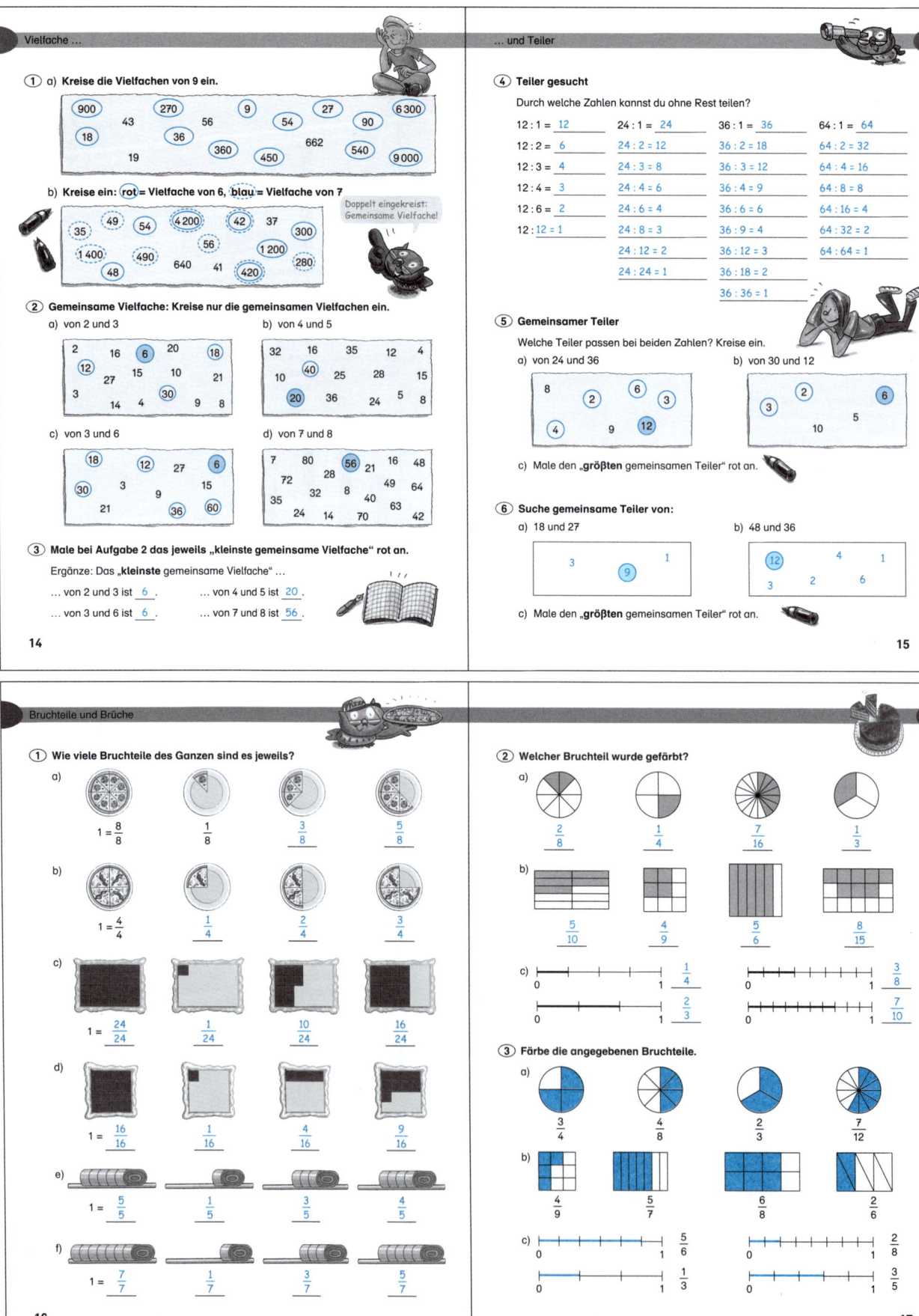

① Erweitere.

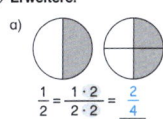 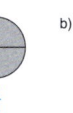

a) $\dfrac{1}{2} = \dfrac{1 \cdot 2}{2 \cdot 2} = \dfrac{2}{4}$

b) $\dfrac{1}{2} = \dfrac{1 \cdot 3}{2 \cdot 3} = \dfrac{3}{6}$

> **Erweitern:** Multipliziere Zähler und Nenner mit der gleichen Zahl.

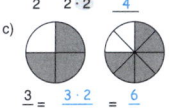 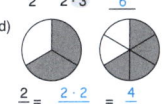 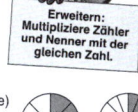

c) $\dfrac{3}{4} = \dfrac{3 \cdot 2}{4 \cdot 2} = \dfrac{6}{8}$

d) $\dfrac{2}{3} = \dfrac{2 \cdot 2}{3 \cdot 2} = \dfrac{4}{6}$

e) $\dfrac{3}{8} = \dfrac{3 \cdot 2}{8 \cdot 2} = \dfrac{6}{16}$

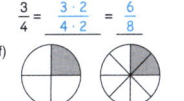 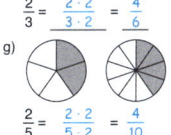 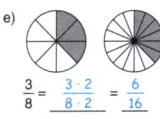

f) $\dfrac{1}{4} = \dfrac{1 \cdot 2}{4 \cdot 2} = \dfrac{2}{8}$

g) $\dfrac{2}{5} = \dfrac{2 \cdot 2}{5 \cdot 2} = \dfrac{4}{10}$

h) $\dfrac{2}{3} = \dfrac{2 \cdot 3}{3 \cdot 3} = \dfrac{6}{9}$

② Mit welcher Zahl wurde erweitert?

a)
$\dfrac{1 \cdot 3}{8 \cdot 3} = \dfrac{3}{24}$
$\dfrac{1 \cdot 4}{7 \cdot 4} = \dfrac{4}{28}$
$\dfrac{1 \cdot 5}{9 \cdot 5} = \dfrac{5}{45}$
$\dfrac{1 \cdot 4}{12 \cdot 4} = \dfrac{4}{48}$

b)
$\dfrac{2 \cdot 5}{6 \cdot 5} = \dfrac{10}{30}$
$\dfrac{3 \cdot 5}{4 \cdot 5} = \dfrac{15}{20}$
$\dfrac{2 \cdot 4}{3 \cdot 4} = \dfrac{8}{12}$
$\dfrac{7 \cdot 3}{12 \cdot 3} = \dfrac{21}{36}$

c)
$\dfrac{4 \cdot 4}{5 \cdot 4} = \dfrac{16}{20}$
$\dfrac{2 \cdot 5}{13 \cdot 5} = \dfrac{10}{65}$
$\dfrac{4 \cdot 6}{6 \cdot 6} = \dfrac{24}{36}$
$\dfrac{7 \cdot 3}{30 \cdot 3} = \dfrac{21}{90}$

③ Ergänze die fehlenden Zahlen.

a) $\dfrac{2}{5} = \dfrac{4}{10}$ $\dfrac{3}{8} = \dfrac{9}{24}$ $\dfrac{1}{10} = \dfrac{5}{50}$ $\dfrac{7}{20} = \dfrac{21}{60}$ $\dfrac{5}{12} = \dfrac{15}{36}$

b) $\dfrac{3}{7} = \dfrac{9}{21}$ $\dfrac{5}{6} = \dfrac{35}{42}$ $\dfrac{4}{8} = \dfrac{32}{64}$ $\dfrac{6}{7} = \dfrac{30}{35}$ $\dfrac{7}{10} = \dfrac{21}{30}$

c) $\dfrac{10}{12} = \dfrac{20}{24}$ $\dfrac{11}{4} = \dfrac{55}{20}$ $\dfrac{1}{15} = \dfrac{3}{45}$ $\dfrac{9}{7} = \dfrac{27}{21}$ $\dfrac{2}{3} = \dfrac{12}{18}$

④ Kürze.

> **Kürzen:** Dividiere Zähler und Nenner durch die gleiche Zahl.

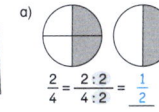 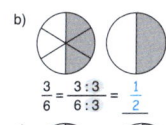

a) $\dfrac{2}{4} = \dfrac{2:2}{4:2} = \dfrac{1}{2}$

b) $\dfrac{3}{6} = \dfrac{3:3}{6:3} = \dfrac{1}{2}$

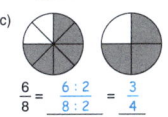 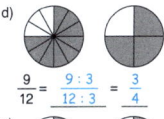 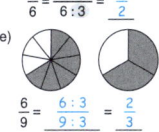

c) $\dfrac{6}{8} = \dfrac{6:2}{8:2} = \dfrac{3}{4}$

d) $\dfrac{9}{12} = \dfrac{9:3}{12:3} = \dfrac{3}{4}$

e) $\dfrac{6}{9} = \dfrac{6:3}{9:3} = \dfrac{2}{3}$

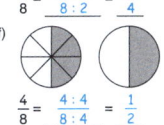 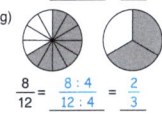 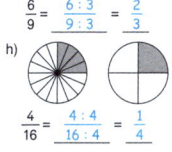

f) $\dfrac{4}{8} = \dfrac{4:4}{8:4} = \dfrac{1}{2}$

g) $\dfrac{8}{12} = \dfrac{8:4}{12:4} = \dfrac{2}{3}$

h) $\dfrac{4}{16} = \dfrac{4:4}{16:4} = \dfrac{1}{4}$

⑤ Durch welche Zahl wurde gekürzt?

a)
$\dfrac{12:3}{15:3} = \dfrac{4}{5}$
$\dfrac{16:8}{24:8} = \dfrac{2}{3}$
$\dfrac{7:7}{21:7} = \dfrac{1}{3}$
$\dfrac{8:4}{20:4} = \dfrac{2}{5}$

b)
$\dfrac{15:15}{30:15} = \dfrac{1}{2}$
$\dfrac{28:7}{35:7} = \dfrac{4}{5}$
$\dfrac{4:4}{12:4} = \dfrac{1}{3}$
$\dfrac{12:6}{18:6} = \dfrac{2}{3}$

c)
$\dfrac{15:5}{20:5} = \dfrac{3}{4}$
$\dfrac{24:6}{30:6} = \dfrac{4}{5}$
$\dfrac{40:10}{50:10} = \dfrac{4}{5}$
$\dfrac{10:2}{12:2} = \dfrac{5}{6}$

⑥ Kürze so weit wie möglich. Verwende die Kurzschreibweise.

a) $\dfrac{9}{18} = \dfrac{1}{2}$ $\dfrac{24}{36} = \dfrac{2}{3}$ $\dfrac{16}{20} = \dfrac{4}{5}$

b) $\dfrac{16}{32} = \dfrac{1}{2}$ $\dfrac{12}{40} = \dfrac{3}{10}$ $\dfrac{12}{54} = \dfrac{2}{9}$

c) $\dfrac{21}{49} = \dfrac{3}{7}$ $\dfrac{36}{60} = \dfrac{3}{5}$ $\dfrac{60}{80} = \dfrac{3}{4}$

> Gleichnamige Brüche haben den gleichen Nenner.

① Mache die Brüche gleichnamig und vergleiche sie mit >, =, <. Färbe die Bruchteile.

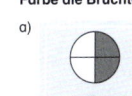 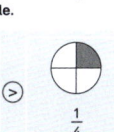 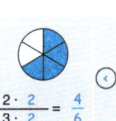

a) $\dfrac{1 \cdot 2}{2 \cdot 2} = \dfrac{2}{4}$ > $\dfrac{1}{4}$

b) $\dfrac{2 \cdot 2}{3 \cdot 2} = \dfrac{4}{6}$ < $\dfrac{5}{6}$

c) $\dfrac{5}{8}$ > $\dfrac{2 \cdot 2}{4 \cdot 2} = \dfrac{4}{8}$

d) $\dfrac{3 \cdot 4}{4 \cdot 4} = \dfrac{12}{16}$ = $\dfrac{12}{16}$

② a) $\dfrac{1 \cdot 3}{7 \cdot 3} = \dfrac{3}{21}$ = $\dfrac{3}{21}$

$\dfrac{7 \cdot 2}{9 \cdot 2} = \dfrac{14}{18}$ < $\dfrac{17}{18}$

$\dfrac{3 \cdot 3}{4 \cdot 3} = \dfrac{9}{12}$ < $\dfrac{11}{12}$

b) $\dfrac{5}{16}$ < $\dfrac{3 \cdot 4}{4 \cdot 4} = \dfrac{12}{16}$

$\dfrac{7}{20}$ < $\dfrac{2 \cdot 4}{5 \cdot 4} = \dfrac{8}{20}$

$\dfrac{23}{24}$ > $\dfrac{7 \cdot 3}{8 \cdot 3} = \dfrac{21}{24}$

③ $\dfrac{3 \cdot 3}{4 \cdot 3} = \dfrac{9}{12}$ > $\dfrac{7}{12}$ < $\dfrac{2 \cdot 4}{3 \cdot 4} = \dfrac{8}{12}$

$\dfrac{3 \cdot 3}{8 \cdot 3} = \dfrac{9}{24}$ < $\dfrac{11}{24}$ < $\dfrac{5 \cdot 4}{6 \cdot 4} = \dfrac{20}{24}$

$\dfrac{7 \cdot 3}{10 \cdot 3} = \dfrac{21}{30}$ > $\dfrac{17}{30}$ > $\dfrac{8 \cdot 2}{15 \cdot 2} = \dfrac{16}{30}$

④ Hier musst du beide Nenner verändern. Setze ein >, =, <.

a) $\dfrac{2 \cdot 2}{6 \cdot 2} = \dfrac{4}{12}$ < $\dfrac{3 \cdot 3}{4 \cdot 3} = \dfrac{9}{12}$

Vielfache von 6: 6, (12), 18 …
Vielfache von 4: 4, 8, (12) …

b) $\dfrac{2 \cdot 5}{3 \cdot 5} = \dfrac{10}{15}$ < $\dfrac{4 \cdot 3}{5 \cdot 3} = \dfrac{12}{15}$

Vielfache von 3: 3, 6, 9, 12, (15)…
Vielfache von 5: 5, 10, (15)…

c) $\dfrac{3 \cdot 6}{5 \cdot 6} = \dfrac{18}{30}$ < $\dfrac{4 \cdot 5}{6 \cdot 5} = \dfrac{20}{30}$

Vielfache von 5: 5, 10, 15, 20, 25, (30) …
Vielfache von 6: 6, 12, 18, 24, (30)…

d) $\dfrac{5 \cdot 3}{8 \cdot 3} = \dfrac{15}{24}$ > $\dfrac{2 \cdot 4}{6 \cdot 4} = \dfrac{8}{24}$

Vielfache von 8: 8, 16, (24) …
Vielfache von 6: 6, 12, 18, (24)…

e) $\dfrac{5 \cdot 3}{6 \cdot 3} = \dfrac{15}{18}$ > $\dfrac{7 \cdot 2}{9 \cdot 2} = \dfrac{14}{18}$

Vielfache von 6: 6, 12, (18) …
Vielfache von 9: 9, (18)…

f) $\dfrac{7 \cdot 3}{8 \cdot 3} = \dfrac{21}{24}$ > $\dfrac{5 \cdot 4}{6 \cdot 4} = \dfrac{20}{24}$

Vielfache von 8: 8, 16, (24) …
Vielfache von 6: 6, 12, 18, (24)…

⑤ Finde jeweils den Hauptnenner. Kreise ihn ein.

> Der kleinste gemeinsame Nenner heißt Hauptnenner.

a) $\dfrac{1}{10}$ $\dfrac{1}{25}$: 10 25 (50) 100

b) $\dfrac{5}{6}$ $\dfrac{4}{9}$: 36 6 (18) 9

c) $\dfrac{3}{5}$ $\dfrac{3}{6}$: 24 25 60 (30)

d) $\dfrac{2}{3}$ $\dfrac{5}{8}$: (24) 38 48 16

1 Addiere die Bruchteile.

a)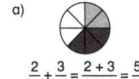

$$\frac{2}{8} + \frac{3}{8} = \frac{2+3}{8} = \frac{5}{8}$$

b)

$$\frac{4}{8} + \frac{3}{8} = \frac{4+3}{8} = \frac{7}{8}$$

c)

$$\frac{1}{8} + \frac{4}{8} = \frac{1+4}{8} = \frac{5}{8}$$

d)

$$\frac{2}{6} + \frac{2}{6} = \frac{2+2}{6} = \frac{4}{6} = \frac{2}{3}$$

e)

$$\frac{3}{6} + \frac{2}{6} = \frac{3+2}{6} = \frac{5}{6}$$

f)

$$\frac{1}{5} + \frac{2}{5} = \frac{1+2}{5} = \frac{3}{5}$$

2 Addiere. Kürze das Ergebnis, wenn möglich.

$$\frac{5}{20} + \frac{7}{20} = \frac{12}{20} = \frac{3}{5} \qquad \frac{3}{12} + \frac{8}{12} = \frac{11}{12} \qquad \frac{2}{16} + \frac{6}{16} = \frac{8}{16} = \frac{1}{2}$$

$$\frac{4}{15} + \frac{5}{15} = \frac{9}{15} = \frac{3}{5} \qquad \frac{7}{14} + \frac{5}{14} = \frac{12}{14} = \frac{6}{7} \qquad \frac{5}{18} + \frac{3}{18} = \frac{8}{18} = \frac{4}{9}$$

3 Subtrahiere die Bruchteile.

a)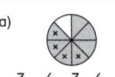

$$\frac{7}{8} - \frac{4}{8} = \frac{7-4}{8} = \frac{3}{8}$$

b)

$$\frac{7}{8} - \frac{2}{8} = \frac{7-2}{8} = \frac{5}{8}$$

c)

$$\frac{5}{6} - \frac{4}{6} = \frac{5-4}{6} = \frac{1}{6}$$

d)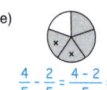

$$\frac{3}{5} - \frac{2}{5} = \frac{3-2}{5} = \frac{1}{5}$$

e)

$$\frac{4}{5} - \frac{2}{5} = \frac{4-2}{5} = \frac{2}{5}$$

f)

$$\frac{9}{12} - \frac{4}{12} = \frac{9-4}{12} = \frac{5}{12}$$

4 Subtrahiere. Kürze das Ergebnis, wenn möglich.

$$\frac{14}{15} - \frac{5}{15} = \frac{9}{15} = \frac{3}{5} \qquad \frac{17}{20} - \frac{2}{20} = \frac{15}{20} = \frac{3}{4} \qquad \frac{9}{12} - \frac{4}{12} = \frac{5}{12}$$

$$\frac{11}{12} - \frac{5}{12} = \frac{6}{12} = \frac{1}{2} \qquad \frac{12}{13} - \frac{9}{13} = \frac{3}{13} \qquad \frac{17}{20} - \frac{5}{20} = \frac{12}{20} = \frac{3}{5}$$

---

1 Wie heißt der Hauptnenner der Brüche? Verbinde.

a)

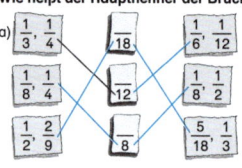

b)

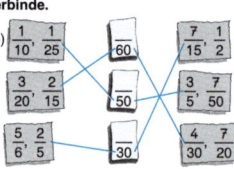

2 Bestimme den Hauptnenner und rechne.

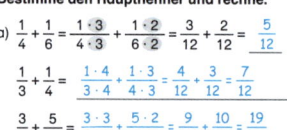

Hauptnenner

a) $\dfrac{1}{4} + \dfrac{1}{6} = \dfrac{1 \cdot 3}{4 \cdot 3} + \dfrac{1 \cdot 2}{6 \cdot 2} = \dfrac{3}{12} + \dfrac{2}{12} = \dfrac{5}{12}$ | $\boxed{12}$

$\dfrac{1}{3} + \dfrac{1}{4} = \dfrac{1 \cdot 4}{3 \cdot 4} + \dfrac{1 \cdot 3}{4 \cdot 3} = \dfrac{4}{12} + \dfrac{3}{12} = \dfrac{7}{12}$ | $\boxed{12}$

$\dfrac{3}{8} + \dfrac{5}{12} = \dfrac{3 \cdot 3}{8 \cdot 3} + \dfrac{5 \cdot 2}{12 \cdot 2} = \dfrac{9}{24} + \dfrac{10}{24} = \dfrac{19}{24}$ | $\boxed{24}$

$\dfrac{2}{7} + \dfrac{1}{3} = \dfrac{2 \cdot 3}{7 \cdot 3} + \dfrac{1 \cdot 7}{3 \cdot 7} = \dfrac{6}{21} + \dfrac{7}{21} = \dfrac{13}{21}$ | $\boxed{21}$

$\dfrac{3}{5} + \dfrac{1}{4} = \dfrac{3 \cdot 4}{5 \cdot 4} + \dfrac{1 \cdot 5}{4 \cdot 5} = \dfrac{12}{20} + \dfrac{5}{20} = \dfrac{17}{20}$ | $\boxed{20}$

b) $\dfrac{1}{2} - \dfrac{1}{7} = \dfrac{1 \cdot 7}{2 \cdot 7} - \dfrac{1 \cdot 2}{7 \cdot 2} = \dfrac{7}{14} - \dfrac{2}{14} = \dfrac{5}{14}$ | $\boxed{14}$

$\dfrac{1}{4} - \dfrac{1}{6} = \dfrac{1 \cdot 3}{4 \cdot 3} - \dfrac{1 \cdot 2}{6 \cdot 2} = \dfrac{3}{12} - \dfrac{2}{12} = \dfrac{1}{12}$ | $\boxed{12}$

$\dfrac{8}{9} - \dfrac{5}{6} = \dfrac{8 \cdot 2}{9 \cdot 2} - \dfrac{5 \cdot 3}{6 \cdot 3} = \dfrac{16}{18} - \dfrac{15}{18} = \dfrac{1}{18}$ | $\boxed{18}$

$\dfrac{6}{7} - \dfrac{2}{3} = \dfrac{6 \cdot 3}{7 \cdot 3} - \dfrac{2 \cdot 7}{3 \cdot 7} = \dfrac{18}{21} - \dfrac{14}{21} = \dfrac{4}{21}$ | $\boxed{21}$

$\dfrac{3}{10} - \dfrac{2}{25} = \dfrac{3 \cdot 5}{10 \cdot 5} - \dfrac{2 \cdot 2}{25 \cdot 2} = \dfrac{15}{50} - \dfrac{4}{50} = \dfrac{11}{50}$ | $\boxed{50}$

---

1 Trage in das Koordinatensystem folgende Punkte ein:

A (1/4), B (9/1), C (9/7), D (4/12), E (11/12), F (4/8,5)

2 Verbinde nun A mit B und B mit C. Verbinde auch D mit E und D mit F.

3 Miss den Winkel bei B (∢ CBA) und gib seine Winkelart an.

∢ CBA = __70__ °   Er ist ein   [X] spitzer   [ ] rechter   [ ] stumpfer   Winkel.

4 Miss den Winkel bei D (∢ FDE) und gib seine Winkelart an.

∢ FDE = __90__ °   Er ist ein   [ ] spitzer   [X] rechter   [ ] stumpfer   Winkel.

5 Zeichne bei C den Winkel ∢ GCB = 135° ein.
In 11,3 cm Entfernung von C liegt der Punkt G. Zeichne ihn ein und gib seine Koordinaten an.

G (__1__ / __15__)

∢ GCB = 135° ist ein   [ ] spitzer   [ ] rechter   [X] stumpfer   Winkel.

6 Für Mathe-Super-Stars

Das Viereck CEGF ist ein besonderes Viereck. Wie heißt es?

Trapez

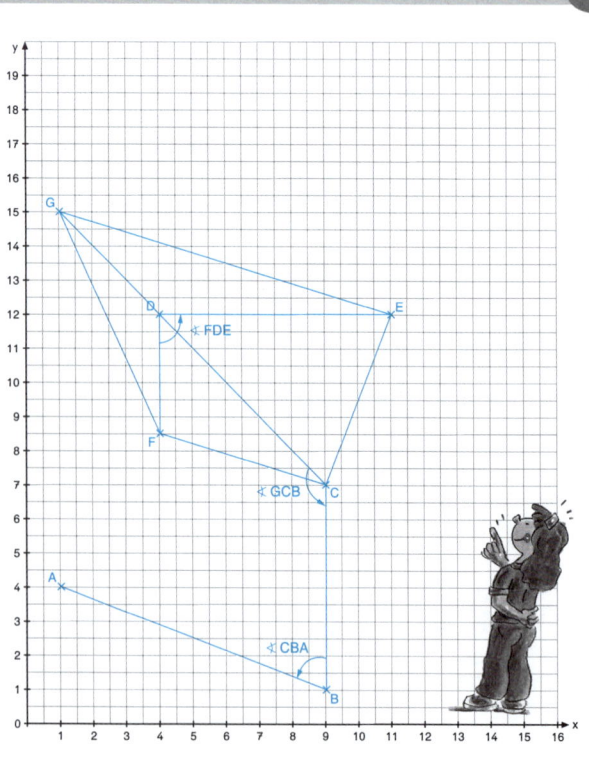

Unechte Brüche sind größer als 1.

① Verbinde die Brüche mit dem Zahlenstrahl.

a)
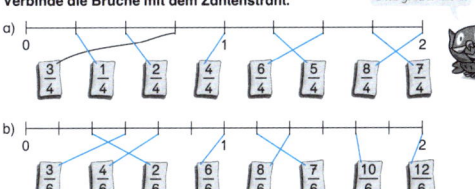

$\frac{3}{4}$ $\frac{1}{4}$ $\frac{2}{4}$ $\frac{4}{4}$ $\frac{6}{4}$ $\frac{5}{4}$ $\frac{8}{4}$ $\frac{7}{4}$

b)

$\frac{3}{6}$ $\frac{4}{6}$ $\frac{2}{6}$ $\frac{6}{6}$ $\frac{8}{6}$ $\frac{7}{6}$ $\frac{10}{6}$ $\frac{12}{6}$

② Wie viele Bruchteile sind es? Färbe und rechne in gemischte Zahlen um.

a)
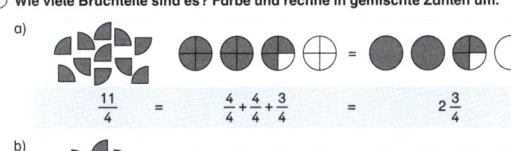

$\frac{11}{4} = \frac{4}{4} + \frac{4}{4} + \frac{3}{4} = 2\frac{3}{4}$

b)
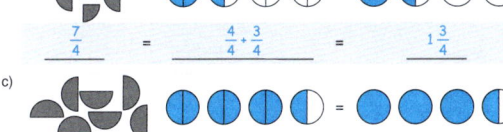

$\frac{7}{4} = \frac{4}{4} + \frac{3}{4} = 1\frac{3}{4}$

c)
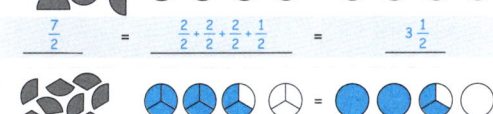

$\frac{7}{2} = \frac{2}{2} + \frac{2}{2} + \frac{2}{2} + \frac{1}{2} = 3\frac{1}{2}$

d)

$\frac{8}{3} = \frac{3}{3} + \frac{3}{3} + \frac{2}{3} = 2\frac{2}{3}$

26

---

③ Rechne die unechten Brüche in gemischte Zahlen um.

a) $\frac{7}{2} = \frac{2}{2} + \frac{2}{2} + \frac{2}{2} + \frac{1}{2} = 3\frac{1}{2}$ b) $\frac{11}{5} = \frac{5}{5} + \frac{5}{5} + \frac{1}{5} = 2\frac{1}{5}$

$\frac{9}{4} = \frac{4}{4} + \frac{4}{4} + \frac{1}{4} = 2\frac{1}{4}$ $\frac{14}{6} = \frac{6}{6} + \frac{6}{6} + \frac{2}{6} = 2\frac{2}{6} = 2\frac{1}{3}$

$\frac{8}{3} = \frac{3}{3} + \frac{3}{3} + \frac{2}{3} = 2\frac{2}{3}$ $\frac{27}{13} = \frac{13}{13} + \frac{13}{13} + \frac{1}{13} = 2\frac{1}{13}$

$\frac{33}{10} = \frac{10}{10} + \frac{10}{10} + \frac{10}{10} + \frac{3}{10} = 3\frac{3}{10}$ $\frac{13}{7} = \frac{7}{7} + \frac{6}{7} = 1\frac{6}{7}$

④ Rechne die gemischten Zahlen in unechte Brüche um.

a) $1\frac{7}{8} = \frac{8}{8} + \frac{7}{8} = \frac{15}{8}$ b) $2\frac{4}{5} = \frac{5}{5} + \frac{5}{5} + \frac{4}{5} = \frac{14}{5}$

$1\frac{2}{3} = \frac{3}{3} + \frac{2}{3} = \frac{5}{3}$ $3\frac{1}{3} = \frac{3}{3} + \frac{3}{3} + \frac{3}{3} + \frac{1}{3} = \frac{10}{3}$

$1\frac{3}{4} = \frac{4}{4} + \frac{3}{4} = \frac{7}{4}$ $2\frac{9}{10} = \frac{10}{10} + \frac{10}{10} + \frac{9}{10} = \frac{29}{10}$

$1\frac{6}{7} = \frac{7}{7} + \frac{6}{7} = \frac{13}{7}$ $3\frac{7}{9} = \frac{9}{9} + \frac{9}{9} + \frac{9}{9} + \frac{7}{9} = \frac{34}{9}$

⑤ Ordne die Brüche richtig ein.

a) $\frac{9}{8}$ $\frac{7}{4}$ $\frac{9}{10}$ $\frac{7}{2}$ $\frac{15}{20}$ $\frac{5}{13}$ b) $\frac{9}{4}$ $\frac{3}{7}$ $\frac{8}{9}$ $\frac{16}{21}$ $\frac{13}{10}$ $\frac{7}{3}$

$\frac{9}{10}$ $\frac{15}{20}$ $\frac{5}{13}$	$\frac{9}{8}$ $\frac{7}{4}$ $\frac{7}{2}$	$\frac{3}{7}$ $\frac{8}{9}$ $\frac{16}{21}$	$\frac{9}{4}$ $\frac{13}{10}$ $\frac{7}{3}$
(<1)	(>1)	(<1)	(>1)

⑥ Setze ein: < = >

a) $1\frac{4}{7} \; < \; \frac{12}{7}$ $1\frac{7}{8} \; > \; \frac{10}{8}$ b) $2\frac{7}{8} \; > \; \frac{43}{16}$ $1\frac{3}{6} \; = \; 1\frac{1}{2}$

$2\frac{1}{4} \; = \; \frac{9}{4}$ $1\frac{3}{4} \; = \; \frac{7}{4}$ $3\frac{4}{12} \; < \; 4\frac{1}{4}$ $2\frac{8}{21} \; > \; 1\frac{2}{3}$

27

Schreibe das Ergebnis als gemischte Zahl und kürze, wenn möglich.

① a) $1\frac{3}{8} + 2\frac{1}{8} = 3\frac{4}{8} = 3\frac{1}{2}$ b) $6\frac{2}{3} + 2\frac{3}{4} = 8\frac{17}{12} = 9\frac{5}{12}$

$2\frac{1}{7} + 4\frac{4}{7} = 6\frac{5}{7}$ $4\frac{7}{8} + 1\frac{3}{4} = 5\frac{13}{8} = 6\frac{5}{8}$

$6\frac{2}{9} + 1\frac{4}{9} = 7\frac{6}{9} = 7\frac{2}{3}$ $2\frac{4}{6} + 2\frac{1}{8} = 4\frac{19}{24}$

$3\frac{5}{12} + 2\frac{4}{12} = 5\frac{9}{12} = 5\frac{3}{4}$ $3\frac{2}{15} + 1\frac{7}{5} = 4\frac{23}{15} = 5\frac{8}{15}$

$2\frac{4}{6} + 1\frac{5}{6} = 3\frac{9}{6} = 4\frac{3}{6} = 4\frac{1}{2}$ $5\frac{3}{10} + 2\frac{4}{15} = 7\frac{17}{30}$

$1\frac{4}{5} + 2\frac{1}{5} = 3\frac{5}{5} = 4$ $1\frac{7}{9} + 1\frac{3}{18} = 2\frac{17}{18}$

$5\frac{7}{8} + 1\frac{6}{8} = 6\frac{13}{8} = 7\frac{5}{8}$ $2\frac{1}{6} + 2\frac{1}{9} = 4\frac{5}{18}$

② a) $3\frac{7}{8} - 1\frac{2}{8} = 2\frac{5}{8}$ b) $5\frac{3}{4} - 1\frac{4}{12} = 4\frac{5}{12}$

$2\frac{4}{7} - 1\frac{2}{7} = 1\frac{2}{7}$ $2\frac{2}{3} - 1\frac{13}{21} = 1\frac{1}{21}$

$4\frac{9}{12} - 2\frac{3}{12} = 2\frac{6}{12} = 2\frac{1}{2}$ $3\frac{9}{12} - 1\frac{14}{24} = 2\frac{14}{24} = 2\frac{7}{12}$

$6\frac{7}{9} - 1\frac{1}{9} = 5\frac{6}{9} = 5\frac{2}{3}$ $8\frac{4}{7} - 3\frac{1}{3} = 5\frac{5}{21}$

$4\frac{3}{8} - 1\frac{3}{8} = 3$ $4\frac{8}{9} - 2\frac{1}{2} = 2\frac{13}{18}$

$5\frac{2}{3} - 2\frac{1}{3} = 3\frac{1}{3}$ $3\frac{8}{15} - 1\frac{2}{10} = 2\frac{10}{30} = 2\frac{1}{3}$

$6\frac{4}{5} - 3\frac{2}{5} = 3\frac{2}{5}$ $6\frac{5}{6} - 2\frac{3}{12} = 4\frac{7}{12}$

28

---

③ a) $3\frac{2}{7} - \frac{5}{14} = \frac{23}{7} - \frac{5}{14} = \frac{46}{14} - \frac{5}{14} = \frac{41}{14} = 2\frac{13}{14}$

$4\frac{3}{10} - 1\frac{4}{5} = \frac{43}{10} - \frac{9}{5} = \frac{43}{10} - \frac{18}{10} = \frac{25}{10} = 2\frac{5}{10} = 2\frac{1}{2}$

$\frac{9}{12} - \frac{1}{2} = \frac{9}{12} - \frac{6}{12} = \frac{3}{12} = \frac{1}{4}$

$2\frac{2}{3} - \frac{8}{9} = \frac{8}{3} - \frac{8}{9} = \frac{24}{9} - \frac{8}{9} = \frac{16}{9} = 1\frac{7}{9}$

$5\frac{1}{12} - 1\frac{1}{3} = \frac{61}{12} - \frac{4}{3} = \frac{61}{12} - \frac{16}{12} = \frac{45}{12} = 3\frac{9}{12} = 3\frac{3}{4}$

$4\frac{5}{18} - 1\frac{5}{6} = \frac{77}{18} - \frac{11}{6} = \frac{77}{18} - \frac{33}{18} = \frac{44}{18} = 2\frac{8}{18} = 2\frac{4}{9}$

b) $\frac{3}{8} + 2\frac{5}{12} = \frac{3}{8} + \frac{29}{12} = \frac{9}{24} + \frac{58}{24} = \frac{67}{24} = 2\frac{19}{24}$

$\frac{1}{2} + 4\frac{7}{11} = \frac{1}{2} + \frac{51}{11} = \frac{11}{22} + \frac{102}{22} = \frac{113}{22} = 5\frac{3}{22}$

$\frac{4}{7} + 3\frac{2}{3} = \frac{4}{7} + \frac{11}{3} = \frac{12}{21} + \frac{77}{21} = \frac{89}{21} = 4\frac{5}{21}$

$2\frac{1}{5} + \frac{5}{8} = \frac{11}{5} + \frac{5}{8} = \frac{88}{40} + \frac{25}{40} = \frac{113}{40} = 2\frac{33}{40}$

$3\frac{1}{3} + \frac{4}{7} = \frac{10}{3} + \frac{4}{7} = \frac{70}{21} + \frac{12}{21} = \frac{82}{21} = 3\frac{19}{21}$

$1\frac{2}{9} + \frac{3}{4} = \frac{11}{9} + \frac{3}{4} = \frac{44}{36} + \frac{27}{36} = \frac{71}{36} = 1\frac{35}{36}$

④ Rechne. Kürze das Ergebnis, wenn möglich.

$2\frac{3}{8} - 1\frac{3}{5} = \frac{19}{8} - \frac{8}{5} = \frac{95}{40} - \frac{64}{40} = \frac{31}{40}$

$3\frac{4}{7} - 2\frac{2}{3} = \frac{25}{7} - \frac{8}{3} = \frac{75}{21} - \frac{56}{21} = \frac{19}{21}$

$5\frac{4}{5} - 1\frac{6}{7} = \frac{29}{5} - \frac{13}{7} = \frac{203}{35} - \frac{65}{35} = \frac{138}{35} = 3\frac{33}{35}$

29

1 Färbe und rechne.

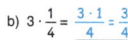

Wenn man einen Bruch mit einer natürlichen Zahl multipliziert, wird nur der Zähler mit der Zahl multipliziert, der Nenner bleibt gleich.

$$3 \cdot \tfrac{3}{10} = \tfrac{3 \cdot 3}{10} = \tfrac{9}{10}$$

a) $2 \cdot \tfrac{1}{6} = \tfrac{2 \cdot 1}{6} = \tfrac{2}{6} = \tfrac{1}{3}$

b) $3 \cdot \tfrac{1}{4} = \tfrac{3 \cdot 1}{4} = \tfrac{3}{4}$

c) $3 \cdot \tfrac{2}{7} = \tfrac{3 \cdot 2}{7} = \tfrac{6}{7}$

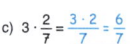

d) $4 \cdot \tfrac{3}{16} = \tfrac{4 \cdot 3}{16} = \tfrac{1 \cdot 3}{4} = \tfrac{3}{4}$

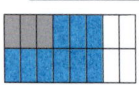

e) $2 \cdot \tfrac{4}{9} = \tfrac{2 \cdot 4}{9} = \tfrac{8}{9}$

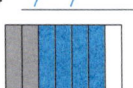

f) $6 \cdot \tfrac{1}{12} = \tfrac{6 \cdot 1}{12} = \tfrac{1}{2}$

2 Rechne.

a) $4 \cdot \tfrac{3}{7} = \tfrac{4 \cdot 3}{7} = \tfrac{12}{7} = 1\tfrac{5}{7}$

$6 \cdot \tfrac{2}{3} = \tfrac{2 \cdot 6 \cdot 2}{3 \cdot 1} = \tfrac{2 \cdot 2}{1} = 4$

$2 \cdot \tfrac{5}{6} = \tfrac{1 \cdot 2 \cdot 5}{6 \cdot 3} = \tfrac{1 \cdot 5}{3} = \tfrac{5}{3} = 1\tfrac{2}{3}$

$7 \cdot \tfrac{1}{2} = \tfrac{7 \cdot 1}{2} = \tfrac{7}{2} = 3\tfrac{1}{2}$

b) $2 \cdot \tfrac{3}{5} = \tfrac{2 \cdot 3}{5} = \tfrac{6}{5} = 1\tfrac{1}{5}$

$5 \cdot \tfrac{1}{10} = \tfrac{1 \cdot 5 \cdot 1}{10 \cdot 2} = \tfrac{1 \cdot 1}{2} = \tfrac{1}{2}$

$3 \cdot \tfrac{3}{16} = \tfrac{3 \cdot 3}{16} = \tfrac{9}{16}$

$6 \cdot \tfrac{3}{4} = \tfrac{3 \cdot 6 \cdot 3}{4 \cdot 2} = \tfrac{3 \cdot 3}{2} = \tfrac{9}{2} = 4\tfrac{1}{2}$

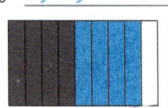

3 Kürze vor dem Multiplizieren.

a) $7 \cdot \tfrac{5}{14} = \tfrac{1 \cdot 7 \cdot 5}{14 \cdot 2} = \tfrac{5}{2} = 2\tfrac{1}{2}$

$10 \cdot \tfrac{3}{5} = \tfrac{2 \cdot 10 \cdot 3}{5 \cdot 1} = \tfrac{2 \cdot 3}{1} = 6$

$9 \cdot \tfrac{5}{6} = \tfrac{3 \cdot 9 \cdot 5}{6 \cdot 2} = \tfrac{3 \cdot 5}{2} = \tfrac{15}{2} = 7\tfrac{1}{2}$

$4 \cdot \tfrac{3}{8} = \tfrac{1 \cdot 4 \cdot 3}{8 \cdot 2} = \tfrac{1 \cdot 3}{2} = \tfrac{3}{2} = 1\tfrac{1}{2}$

$3 \cdot \tfrac{7}{9} = \tfrac{1 \cdot 3 \cdot 7}{9 \cdot 3} = \tfrac{1 \cdot 7}{3} = \tfrac{7}{3} = 2\tfrac{1}{3}$

$8 \cdot \tfrac{1}{4} = \tfrac{2 \cdot 8 \cdot 1}{4 \cdot 1} = \tfrac{2 \cdot 1}{1} = 2$

$12 \cdot \tfrac{5}{24} = \tfrac{1 \cdot 12 \cdot 5}{24 \cdot 2} = \tfrac{1 \cdot 5}{2} = \tfrac{5}{2} = 2\tfrac{1}{2}$

b) $6 \cdot \tfrac{5}{12} = \tfrac{1 \cdot 6 \cdot 5}{12 \cdot 2} = \tfrac{1 \cdot 5}{2} = \tfrac{5}{2} = 2\tfrac{1}{2}$

$5 \cdot \tfrac{3}{10} = \tfrac{1 \cdot 5 \cdot 3}{10 \cdot 2} = \tfrac{1 \cdot 3}{2} = \tfrac{3}{2} = 1\tfrac{1}{2}$

$12 \cdot \tfrac{3}{4} = \tfrac{3 \cdot 12 \cdot 3}{4 \cdot 1} = \tfrac{3 \cdot 3}{1} = 9$

$8 \cdot \tfrac{7}{24} = \tfrac{1 \cdot 8 \cdot 7}{24 \cdot 3} = \tfrac{1 \cdot 7}{3} = \tfrac{7}{3} = 2\tfrac{1}{3}$

$9 \cdot \tfrac{2}{3} = \tfrac{3 \cdot 9 \cdot 2}{3 \cdot 1} = \tfrac{3 \cdot 2}{1} = 6$

$100 \cdot \tfrac{4}{5} = \tfrac{20 \cdot 100 \cdot 4}{5 \cdot 1} = \tfrac{20 \cdot 4}{1} = 80$

$30 \cdot \tfrac{1}{6} = \tfrac{5 \cdot 30 \cdot 1}{6 \cdot 1} = \tfrac{5 \cdot 1}{1} = 5$

4 Rechne.

a) $4 \cdot 3\tfrac{1}{2} = 4 \cdot \tfrac{7}{2} = \tfrac{2 \cdot 4 \cdot 7}{2 \cdot 1} = \tfrac{2 \cdot 7}{1} = 14$

Schreibe die gemischte Zahl als Bruch, Kürze und multipliziere dann.

$2 \cdot 5\tfrac{2}{3} = 2 \cdot \tfrac{17}{3} = \tfrac{2 \cdot 17}{3} = \tfrac{34}{3} = 11\tfrac{1}{3}$

$6 \cdot 1\tfrac{1}{8} = 6 \cdot \tfrac{9}{8} = \tfrac{3 \cdot 6 \cdot 9}{8 \cdot 4} = \tfrac{3 \cdot 9}{4} = \tfrac{27}{4} = 6\tfrac{3}{4}$

$3 \cdot 4\tfrac{5}{6} = 3 \cdot \tfrac{29}{6} = \tfrac{3 \cdot 29}{6} = \tfrac{1 \cdot 29}{2} = \tfrac{29}{2} = 14\tfrac{1}{2}$

b) $2\tfrac{3}{10} \cdot 5 = \tfrac{23}{10} \cdot 5 = \tfrac{23 \cdot 5}{10} = \tfrac{23 \cdot 1}{2} = \tfrac{23}{2} = 11\tfrac{1}{2}$

$1\tfrac{4}{7} \cdot 14 = \tfrac{11}{7} \cdot 14 = \tfrac{11 \cdot 14}{7} = \tfrac{11 \cdot 2}{1} = 22$

$6\tfrac{8}{9} \cdot 3 = \tfrac{62}{9} \cdot 3 = \tfrac{62 \cdot 3}{9} = \tfrac{62 \cdot 1}{3} = \tfrac{62}{3} = 20\tfrac{2}{3}$

$3\tfrac{2}{5} \cdot 10 = \tfrac{17}{5} \cdot 10 = \tfrac{17 \cdot 10}{5} = \tfrac{17 \cdot 2}{1} = 34$

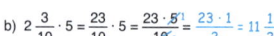

Zähler
Nenner

1 Zeichne ein und rechne.

a) $\tfrac{1}{2} \cdot \tfrac{1}{3} = \tfrac{1 \cdot 1}{2 \cdot 3} = \tfrac{1}{6}$

b) $\tfrac{1}{2} \cdot \tfrac{1}{4} = \tfrac{1}{8}$

$\tfrac{1}{2} \cdot \tfrac{1}{3}$ bedeutet die Hälfte von $\tfrac{1}{3}$, also …

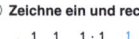

c) $\tfrac{1}{3} \cdot \tfrac{1}{4} = \tfrac{1}{12}$

d) $\tfrac{1}{2} \cdot \tfrac{1}{2} = \tfrac{1}{4}$

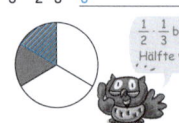

e) $\tfrac{1}{2} \cdot \tfrac{3}{5} = \tfrac{3}{10}$

$\tfrac{1}{4}$ von $\tfrac{2}{5}$ …

Die Hälfte von $\tfrac{3}{5}$ …

f) $\tfrac{1}{4} \cdot \tfrac{2}{5} = \tfrac{2}{20} = \tfrac{1}{10}$

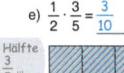
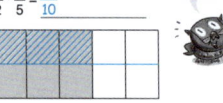
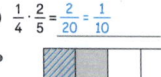
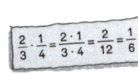

$$\tfrac{2}{3} \cdot \tfrac{1}{4} = \tfrac{2 \cdot 1}{3 \cdot 4} = \tfrac{2}{12} = \tfrac{1}{6}$$

Wenn man einen Bruch mit einem Bruch multipliziert, wird der Zähler mit dem Zähler und der Nenner mit dem Nenner multipliziert.

2 Rechne. Kürze, wenn möglich.

a) $\tfrac{2}{3} \cdot \tfrac{4}{5} = \tfrac{2 \cdot 4}{3 \cdot 5} = \tfrac{8}{15}$

$\tfrac{3}{4} \cdot \tfrac{8}{9} = \tfrac{1 \cdot 3 \cdot 8 \cdot 2}{4 \cdot 9 \cdot 3} = \tfrac{1 \cdot 2}{3} = \tfrac{2}{3}$

$\tfrac{1}{2} \cdot \tfrac{4}{5} = \tfrac{1 \cdot 4 \cdot 2}{2 \cdot 5 \cdot 1} = \tfrac{1 \cdot 2}{5} = \tfrac{2}{5}$

b) $\tfrac{2}{5} \cdot \tfrac{5}{8} = \tfrac{1 \cdot 2 \cdot 5 \cdot 1}{5 \cdot 8 \cdot 4} = \tfrac{1 \cdot 1}{4} = \tfrac{1}{4}$

$\tfrac{5}{9} \cdot \tfrac{6}{7} = \tfrac{5 \cdot 6 \cdot 2}{9 \cdot 7 \cdot 3} = \tfrac{5 \cdot 2}{3 \cdot 7} = \tfrac{10}{21}$

$\tfrac{2}{3} \cdot \tfrac{4}{9} = \tfrac{2 \cdot 4}{3 \cdot 9} = \tfrac{8}{27}$

3 Kürze vor dem Multiplizieren.

a) $\tfrac{5}{12} \cdot \tfrac{6}{7} = \tfrac{5 \cdot 6 \cdot 1}{12 \cdot 7 \cdot 2} = \tfrac{5 \cdot 1}{2 \cdot 7} = \tfrac{5}{14}$

$\tfrac{7}{8} \cdot \tfrac{4}{5} = \tfrac{7 \cdot 4 \cdot 1}{8 \cdot 5 \cdot 2} = \tfrac{7 \cdot 1}{2 \cdot 5} = \tfrac{7}{10}$

$\tfrac{2}{3} \cdot \tfrac{3}{10} = \tfrac{1 \cdot 2 \cdot 3 \cdot 1}{3 \cdot 10 \cdot 5} = \tfrac{1 \cdot 1}{1 \cdot 5} = \tfrac{1}{5}$

$\tfrac{4}{5} \cdot \tfrac{3}{8} = \tfrac{1 \cdot 4 \cdot 3}{5 \cdot 8 \cdot 2} = \tfrac{1 \cdot 3}{5 \cdot 2} = \tfrac{3}{10}$

b) $\tfrac{7}{12} \cdot \tfrac{9}{14} = \tfrac{1 \cdot 7 \cdot 9 \cdot 3}{12 \cdot 14 \cdot 2} = \tfrac{1 \cdot 3}{4 \cdot 2} = \tfrac{3}{8}$

$\tfrac{49}{100} \cdot \tfrac{10}{21} = \tfrac{7 \cdot 49 \cdot 10 \cdot 1}{100 \cdot 21 \cdot 3} = \tfrac{7 \cdot 1}{10 \cdot 3} = \tfrac{7}{30}$

$\tfrac{9}{16} \cdot \tfrac{8}{27} = \tfrac{1 \cdot 9 \cdot 8 \cdot 1}{16 \cdot 27 \cdot 3} = \tfrac{1 \cdot 1}{2 \cdot 3} = \tfrac{1}{6}$

$\tfrac{12}{25} \cdot \tfrac{15}{16} = \tfrac{3 \cdot 12 \cdot 15 \cdot 3}{25 \cdot 16 \cdot 4} = \tfrac{3 \cdot 3}{5 \cdot 4} = \tfrac{9}{20}$

4 Schreibe die gemischte Zahl als Bruch. Multipliziere dann.

$2\tfrac{3}{4} \cdot \tfrac{4}{5} = \tfrac{11}{4} \cdot \tfrac{4}{5} = \tfrac{11 \cdot 4 \cdot 1}{4 \cdot 5 \cdot 1} = \tfrac{11 \cdot 1}{1 \cdot 5} = \tfrac{11}{5} = 2\tfrac{1}{5}$

$1\tfrac{5}{6} \cdot \tfrac{3}{5} = \tfrac{11}{6} \cdot \tfrac{3}{5} = \tfrac{11 \cdot 3 \cdot 1}{6 \cdot 5 \cdot 2} = \tfrac{11 \cdot 1}{2 \cdot 5} = \tfrac{11}{10} = 1\tfrac{1}{10}$

$\tfrac{7}{8} \cdot 1\tfrac{1}{7} = \tfrac{7}{8} \cdot \tfrac{8}{7} = \tfrac{1 \cdot 7 \cdot 8 \cdot 1}{8 \cdot 7 \cdot 1} = 1$

$\tfrac{2}{5} \cdot 2\tfrac{2}{9} = \tfrac{2}{5} \cdot \tfrac{20}{9} = \tfrac{2 \cdot 20 \cdot 4}{5 \cdot 9 \cdot 1} = \tfrac{2 \cdot 4}{1 \cdot 9} = \tfrac{8}{9}$

5 Für Mathe-Super-Stars

Rechne auf einem langen Bruchstrich und kürze!

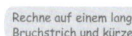

a) $\tfrac{2}{3} \cdot \tfrac{1}{4} \cdot \tfrac{6}{11} = \tfrac{1 \cdot 2 \cdot 1 \cdot 6 \cdot 2}{3 \cdot 4 \cdot 2 \cdot 11} = \tfrac{1 \cdot 1 \cdot 1 \cdot 1}{1 \cdot 2 \cdot 1 \cdot 11} = \tfrac{1 \cdot 1 \cdot 1}{1 \cdot 1 \cdot 11} = \tfrac{1}{11}$

b) $3 \cdot 4\tfrac{1}{2} \cdot \tfrac{5}{18} = \tfrac{3 \cdot 9 \cdot 5 \cdot 1}{2 \cdot 18 \cdot 2} = \tfrac{3 \cdot 1 \cdot 5}{2 \cdot 2} = \tfrac{15}{4} = 3\tfrac{3}{4}$

c) $\tfrac{4}{7} \cdot 1\tfrac{1}{4} \cdot \tfrac{3}{10} = \tfrac{1 \cdot 4 \cdot 7 \cdot 1 \cdot 3 \cdot 1}{7 \cdot 1 \cdot 4 \cdot 2 \cdot 10} = \tfrac{1 \cdot 1 \cdot 1}{1 \cdot 2 \cdot 1} = \tfrac{1}{2}$

d) $4\tfrac{2}{7} \cdot \tfrac{14}{15} \cdot \tfrac{1}{8} = \tfrac{2 \cdot 30 \cdot 14 \cdot 2 \cdot 1}{7 \cdot 15 \cdot 1 \cdot 8} = \tfrac{1 \cdot 1 \cdot 1}{1 \cdot 1 \cdot 8 \cdot 4} = \tfrac{2}{4} = \tfrac{1}{2}$

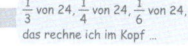

$\frac{1}{3}$ von 24, $\frac{1}{4}$ von 24, $\frac{1}{6}$ von 24, das rechne ich im Kopf ...

① Von den 24 Schülern der Klasse 6a kommt $\frac{1}{3}$ täglich mit dem Bus zur Schule, $\frac{1}{4}$ kommt mit dem Rad und $\frac{1}{6}$ wird mit dem Auto gebracht. Die restlichen Schüler kommen zu Fuß zur Schule.

$\frac{1}{3} \rightarrow 8$

$\frac{1}{4} \rightarrow 6 \qquad \frac{1}{6} \rightarrow 4$

Wie viele Schüler kommen täglich zu Fuß in die Schule?

$8 + 6 + 4 = 18$

$24 - 18 = 6$

Antwort: 6 Schüler kommen zu Fuß.

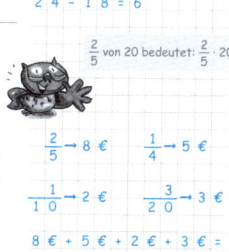

$\frac{2}{5}$ von 20 bedeutet: $\frac{2}{5} \cdot 20$

② Jonas bekommt im Monat 20 € Taschengeld. $\frac{2}{5}$ davon gibt er meist für Bücher oder Zeitschriften aus, $\frac{1}{4}$ verwendet er für andere kleine Einkäufe, $\frac{1}{10}$ spart er, $\frac{3}{20}$ gibt er für Süßigkeiten aus und für den Rest will er auf dem Flohmarkt einkaufen.

$\frac{2}{5} \rightarrow 8\,€ \qquad \frac{1}{4} \rightarrow 5\,€$

$\frac{1}{10} \rightarrow 2\,€ \qquad \frac{3}{20} \rightarrow 3\,€$

Wie viel Geld will er auf dem Flohmarkt ausgeben?

$8\,€ + 5\,€ + 2\,€ + 3\,€ = 18\,€$

Antwort: Er will 2 € ausgeben.

$20\,€ - 18\,€ = 2\,€$

Alle Teile zusammen müssen 1 ergeben!

③ Familie Klein hat eine Familienpizza bestellt, die in gleich große Stücke aufgeteilt ist. Tom isst $\frac{1}{3}$ der Pizza, Andrea $\frac{1}{6}$, Herr und Frau Klein je $\frac{1}{4}$.

$\frac{1}{3} + \frac{1}{6} + \frac{1}{4} + \frac{1}{4} = 1$

$\frac{4}{12} + \frac{2}{12} + \frac{3}{12} + \frac{3}{12} = 1$

Wie viele Stücke hatte die Pizza mindestens und wie viele Stücke hat jeder gegessen?

$\frac{1}{3} \rightarrow 4 \qquad \frac{1}{4} \rightarrow 3$

$\frac{1}{6} \rightarrow 2$

Antwort: Die Pizza hatte 12 Stücke;

Tom hat 4 Stücke, Andrea 2 Stücke und Herr und Frau Klein haben jeweils 3 Stücke gegessen.

34

---

④ Familie Müller hat 36 000 € geerbt. $\frac{3}{5}$ davon werden für ein neues Auto ausgegeben, $\frac{2}{9}$ werden gespart, für $\frac{1}{8}$ macht die Familie eine Urlaubsreise, den Rest geben die Müllers für Reitstunden ihrer beiden Töchter aus.

$\frac{3}{5} \rightarrow 21\,600\,€$

$\frac{2}{9} \rightarrow 8\,000\,€$

$\frac{1}{8} \rightarrow 4\,500\,€$

Wie viel Geld kann für Reitstunden ausgegeben werden?

Antwort: 1900 € können dafür ausgegeben werden.

$21\,600\,€ + 8\,000\,€ + 4\,500\,€ = 34\,100\,€$

$36\,000\,€ - 34\,100\,€ = 1\,900\,€$

⑤ Der Elternbeirat der Wilhelm-Busch-Schule verteilt $\frac{2}{3}$ des Gewinnes, der beim Schulfest erzielt wurde, an die 10 Klassen. Jede Klasse erhält so 80 € für die Klassenkasse.

$\frac{2}{3} \rightarrow 800\,€$

$\frac{1}{3} \rightarrow 400\,€$

$\frac{3}{3} \rightarrow 1\,200\,€$

Wie hoch war der Gewinn insgesamt?

Antwort: Der Gewinn betrug 1 200 €.

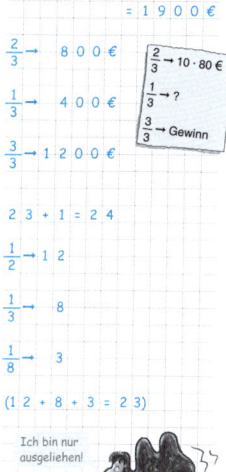

$\frac{2}{3} \rightarrow 10 \cdot 80\,€$

$\frac{1}{3} \rightarrow ?$

$\frac{3}{3} \rightarrow$ Gewinn

⑥ Ein reicher Mann hinterließ seinen 3 Söhnen insgesamt 23 Kamele. Im Testament stand, dass der älteste Sohn die Hälfte der Kamele, der mittlere $\frac{1}{3}$ und der jüngste $\frac{1}{8}$ der Kamele erben sollte. Doch die Söhne konnten das Erbe nicht verteilen.
Da fragten sie einen weisen Mann um Rat. Er lieh ihnen sein Kamel. Nachdem sie das Erbe verteilt hatten, blieb ein Kamel übrig. Das brachten sie dem weisen Mann zurück.

$23 + 1 = 24$

$\frac{1}{2} \rightarrow 12$

$\frac{1}{3} \rightarrow 8$

$\frac{1}{8} \rightarrow 3$

Wie viele Kamele hatte nun jeder Sohn bekommen?

$(12 + 8 + 3 = 23)$

Antwort: Der älteste Sohn hat 12 Kamele, der mittlere hat 8, der jüngste hat 3 Kamele bekommen.

Ich bin nur ausgeliehen!

35

Kürze, wenn möglich, vor dem Multiplizieren!

① **Kehrbrüche**

a) Von jedem Bruch kann man einen Kehrbruch bilden.

Bruch $\frac{3}{4} \diagtimes \frac{4}{3}$ Kehrbruch

Bilde den Kehrbruch:

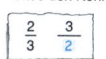 $\frac{2}{3}$ | $\frac{3}{2}$ $\frac{6}{8}$ | $\frac{8}{6}$ $\frac{9}{5}$ | $\frac{5}{9}$ 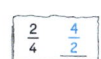 $\frac{7}{10}$ | $\frac{10}{7}$ $\frac{2}{4}$ | $\frac{4}{2}$

b) Auch von natürlichen Zahlen gibt es einen Kehrbruch.

$5 = \frac{5}{1}$ Kehrbruch $\frac{1}{5}$

Bilde den Kehrbruch:

 8 | $\frac{1}{8}$ 6 | $\frac{1}{6}$ 3 | $\frac{1}{3}$ 2 | $\frac{1}{2}$ 9 | $\frac{1}{9}$

② **Division von Brüchen**

Man dividiert durch einen Bruch, indem man mit dem Kehrbruch multipliziert.

$\frac{1}{3} : \frac{2}{5} = \frac{1}{3} \cdot \frac{5}{2} = \frac{1 \cdot 5}{3 \cdot 2} = \frac{5}{6}$ $\qquad \frac{1}{4} : \frac{7}{9} = \frac{1}{4} \cdot \frac{9}{7} = \frac{1 \cdot 9}{4 \cdot 7} = \frac{9}{28}$

$\frac{1}{7} : \frac{3}{5} = \frac{1}{7} \cdot \frac{5}{3} = \frac{1 \cdot 5}{7 \cdot 3} = \frac{5}{21} \qquad \frac{1}{6} : \frac{5}{1} = \frac{1}{6} \cdot \frac{5}{1} = \frac{1 \cdot 5}{6 \cdot 1} = \frac{5}{6}$

$\frac{1}{5} : \frac{1}{3} = \frac{1}{5} \cdot \frac{3}{1} = \frac{1 \cdot 3}{5 \cdot 1} = \frac{3}{5} \qquad \frac{2}{5} : \frac{3}{7} = \frac{2}{5} \cdot \frac{7}{3} = \frac{2 \cdot 7}{5 \cdot 3} = \frac{14}{15}$

$\frac{1}{2} : \frac{5}{7} = \frac{1}{2} \cdot \frac{7}{5} = \frac{1 \cdot 7}{2 \cdot 5} = \frac{7}{10} \qquad \frac{1}{5} : \frac{2}{3} = \frac{1}{5} \cdot \frac{3}{2} = \frac{1 \cdot 3}{5 \cdot 2} = \frac{3}{10}$

$\frac{1}{3} : \frac{4}{7} = \frac{1}{3} \cdot \frac{7}{4} = \frac{1 \cdot 7}{3 \cdot 4} = \frac{7}{12} \qquad \frac{2}{9} : \frac{5}{6} = \frac{2}{9} \cdot \frac{6}{5} = \frac{2 \cdot \overset{2}{6}}{\underset{3}{9} \cdot 5} = \frac{4}{15}$

36

---

③ **Brüche durch Brüche dividieren**

a) $\frac{3}{4} : \frac{5}{3} = \frac{3 \cdot 3}{4 \cdot 5} = \frac{9}{20} \qquad \frac{2}{3} : \frac{3}{4} = \frac{2 \cdot 4}{3 \cdot 3} = \frac{8}{9}$

$\frac{3}{7} : \frac{2}{3} = \frac{3 \cdot 3}{7 \cdot 2} = \frac{9}{14} \qquad \frac{1}{4} : \frac{2}{5} = \frac{1 \cdot 5}{4 \cdot 2} = \frac{5}{8}$

$\frac{1}{8} : \frac{3}{5} = \frac{1 \cdot 5}{8 \cdot 3} = \frac{5}{24} \qquad \frac{5}{13} : \frac{3}{5} = \frac{5 \cdot 5}{13 \cdot 3} = \frac{25}{39}$

$\frac{4}{9} : \frac{5}{6} = \frac{4 \cdot \overset{2}{6}}{\underset{3}{9} \cdot 5} = \frac{8}{15} \qquad \frac{1}{7} : \frac{3}{4} = \frac{1 \cdot 4}{7 \cdot 3} = \frac{4}{21}$

$\frac{2}{9} : \frac{1}{8} = \frac{2 \cdot 8}{9 \cdot 1} = \frac{16}{9} = 1\frac{7}{9} \qquad \frac{1}{4} : \frac{3}{7} = \frac{1 \cdot 7}{4 \cdot 3} = \frac{7}{12}$

$\frac{5}{12} : \frac{2}{1} = \frac{5}{\underset{6}{12}} \cdot \frac{\overset{1}{2}}{1} = \frac{5}{6} \qquad \frac{7}{8} : \frac{5}{4} = \frac{7 \cdot \overset{1}{4}}{\underset{2}{8} \cdot 5} = \frac{7}{10}$

b) $\frac{2}{3} : \frac{2}{5} = \frac{\overset{1}{2} \cdot 5}{3 \cdot \underset{1}{2}} = \frac{5}{3} = 1\frac{2}{3} \qquad \frac{3}{8} : \frac{1}{4} = \frac{3 \cdot \overset{1}{4}}{\underset{2}{8} \cdot 1} = \frac{3}{2} = 1\frac{1}{2}$

$\frac{7}{8} : \frac{6}{8} = \frac{7 \cdot \overset{1}{8}}{\underset{1}{8} \cdot 6} = \frac{7}{6} = 1\frac{1}{6} \qquad \frac{2}{3} : \frac{2}{5} = \frac{\overset{1}{2} \cdot 3}{3 \cdot \underset{1}{2}} = \frac{3}{3}$

$\frac{3}{4} : \frac{2}{5} = \frac{3 \cdot 5}{4 \cdot 2} = \frac{15}{8} = 1\frac{7}{8} \qquad \frac{5}{8} : \frac{5}{7} = \frac{\overset{1}{5} \cdot 7}{8 \cdot \underset{1}{5}} = \frac{7}{8}$

$\frac{2}{3} : \frac{1}{4} = \frac{2 \cdot 4}{3 \cdot 1} = \frac{8}{3} = 2\frac{2}{3} \qquad \frac{3}{4} : \frac{8}{9} = \frac{3 \cdot 9}{4 \cdot 8} = \frac{27}{32}$

$\frac{3}{9} : \frac{7}{12} = \frac{3 \cdot \overset{4}{12}}{\underset{3}{9} \cdot 7} = \frac{12}{21} = \frac{4}{7} \qquad \frac{1}{4} : \frac{1}{6} = \frac{1 \cdot \overset{3}{6}}{\underset{2}{4} \cdot 1} = \frac{3}{2} = 1\frac{1}{2}$

37

① Brüche durch natürliche Zahlen dividieren

$\frac{2}{3} : 4 = \frac{2}{3} : \frac{4}{1} = \frac{2}{3} \cdot \frac{1}{4} = \frac{1}{6}$

$\frac{7}{8} : 7 = \frac{7}{8} : \frac{7}{1} = \frac{7}{8} \cdot \frac{1}{7} = \frac{1}{8}$

$\frac{4}{9} : 2 = \frac{4}{9} : \frac{2}{1} = \frac{4}{9} \cdot \frac{1}{2} = \frac{2}{9}$

$\frac{3}{4} : 6 = \frac{3}{4} : \frac{6}{1} = \frac{3}{4} \cdot \frac{1}{6} = \frac{1}{8}$

$\frac{5}{6} : 5 = \frac{5}{6} : \frac{5}{1} = \frac{5}{6} \cdot \frac{1}{5} = \frac{1}{6}$

$\frac{4}{5} : 8 = \frac{4}{5} : \frac{8}{1} = \frac{4}{5} \cdot \frac{1}{8} = \frac{1}{10}$

$\frac{6}{8} : 5 = \frac{6}{8} : \frac{5}{1} = \frac{6}{8} \cdot \frac{1}{5} = \frac{3}{20}$

$\frac{9}{10} : 2 = \frac{9}{10} : \frac{2}{1} = \frac{9}{10} \cdot \frac{1}{2} = \frac{9}{20}$

$\frac{4}{7} : 3 = \frac{4}{7} : \frac{3}{1} = \frac{4}{7} \cdot \frac{1}{3} = \frac{4}{21}$

$\frac{5}{6} : 4 = \frac{5}{6} : \frac{4}{1} = \frac{5}{6} \cdot \frac{1}{4} = \frac{5}{24}$

② Natürliche Zahlen durch Brüche dividieren

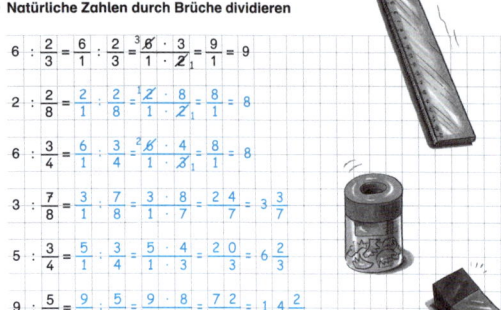

$6 : \frac{2}{3} = \frac{6}{1} : \frac{2}{3} = \frac{6}{1} \cdot \frac{3}{2} = \frac{9}{1} = 9$

$2 : \frac{2}{8} = \frac{2}{1} : \frac{2}{8} = \frac{2}{1} \cdot \frac{8}{2} = \frac{8}{1} = 8$

$6 : \frac{3}{4} = \frac{6}{1} : \frac{3}{4} = \frac{6}{1} \cdot \frac{4}{3} = \frac{8}{1} = 8$

$3 : \frac{7}{8} = \frac{3}{1} : \frac{7}{8} = \frac{3}{1} \cdot \frac{8}{7} = \frac{24}{7} = 3\frac{3}{7}$

$5 : \frac{3}{4} = \frac{5}{1} : \frac{3}{4} = \frac{5}{1} \cdot \frac{4}{3} = \frac{20}{3} = 6\frac{2}{3}$

$9 : \frac{5}{8} = \frac{9}{1} : \frac{5}{8} = \frac{9}{1} \cdot \frac{8}{5} = \frac{72}{5} = 14\frac{2}{5}$

$12 : \frac{4}{5} = \frac{12}{1} : \frac{4}{5} = \frac{12}{1} \cdot \frac{5}{4} = 15$

③ Gemischte Zahlen durch Brüche dividieren

$3\frac{1}{2} : \frac{2}{3} = \frac{7}{2} : \frac{2}{3} = \frac{7}{2} \cdot \frac{3}{2} = \frac{21}{4} = 5\frac{1}{4}$

$6\frac{3}{4} : \frac{1}{8} = \frac{27}{4} : \frac{1}{8} = \frac{27}{4} \cdot \frac{8}{1} = 54$

$2\frac{4}{5} : \frac{2}{5} = \frac{14}{5} : \frac{2}{5} = \frac{14}{5} \cdot \frac{5}{2} = 7$

$5\frac{1}{3} : \frac{1}{6} = \frac{16}{3} : \frac{1}{6} = \frac{16}{3} \cdot \frac{6}{1} = 32$

Wandle gemischte Zahlen in Brüche um!

④ Bruch durch gemischte Zahl

$\frac{2}{5} : 1\frac{1}{2} = \frac{2}{5} : \frac{3}{2} = \frac{2}{5} \cdot \frac{2}{3} = \frac{4}{15}$

$\frac{3}{4} : 2\frac{3}{4} = \frac{3}{4} : \frac{11}{4} = \frac{3}{4} \cdot \frac{4}{11} = \frac{3}{11}$

$\frac{6}{7} : 3\frac{1}{3} = \frac{6}{7} : \frac{10}{3} = \frac{6}{7} \cdot \frac{3}{10} = \frac{9}{35}$

$\frac{3}{5} : 4\frac{1}{10} = \frac{3}{5} : \frac{41}{10} = \frac{3}{5} \cdot \frac{10}{41} = \frac{6}{41}$

⑤ Gemischte Zahlen durch gemischte Zahlen dividieren

$1\frac{2}{3} : 2\frac{1}{2} = \frac{5}{3} : \frac{5}{2} = \frac{5}{3} \cdot \frac{2}{5} = \frac{2}{3}$

$5\frac{1}{7} : 1\frac{1}{8} = \frac{36}{7} : \frac{9}{8} = \frac{36}{7} \cdot \frac{8}{9} = \frac{32}{7} = 4\frac{4}{7}$

$1\frac{2}{3} : 2\frac{1}{3} = \frac{5}{3} : \frac{7}{3} = \frac{5}{3} \cdot \frac{3}{7} = \frac{5}{7}$

$3\frac{1}{2} : 3\frac{2}{4} = \frac{7}{2} : \frac{14}{4} = \frac{7}{2} \cdot \frac{4}{14} = \frac{2}{2} = 1$

---

① Berechne die Rauminhalte.

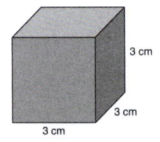

V = a · a · a
V = 3 cm · 3 cm · 3 cm
V = 27 cm³

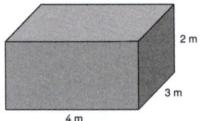

V = a · b · c
V = 4 m · 3 m · 2 m
V = 24 m³

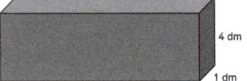

V = a · b · c
V = 12 dm · 1 dm · 4 dm
V = 48 dm³

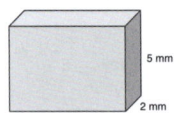

V = a · b · c
V = 7 mm · 2 mm · 5 mm
V = 70 mm³

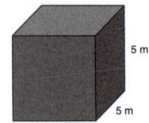

V = a · a · a
V = 5 m · 5 m · 5 m
V = 125 m³

② Welche Körper haben das gleiche Volumen? Male sie mit derselben Farbe an.

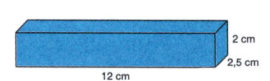 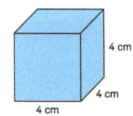

V = a · b · c
V = 12 cm · 2,5 cm · 2 cm
V = 60 cm³

V = a · a · a
V = 4 cm · 4 cm · 4 cm
V = 64 cm³

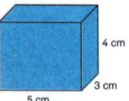 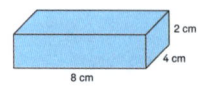

V = a · b · c
V = 5 cm · 3 cm · 4 cm
V = 60 cm³

V = a · b · c
V = 8 cm · 4 cm · 2 cm
V = 64 cm³

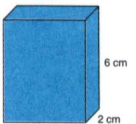

V = a · b · c
V = 5 cm · 2 cm · 6 cm
V = 60 cm³

Denke daran: Umrechenzahl bei Raummaßen ist 1000.

① **Schreibe mit Komma.**

5 m³ 144 dm³ = _5,144 m³_ 10 dm³ 779 cm³ = _10,779 dm³_

17 cm³ 56 mm³ = _17,056 cm³_ 12 m³ 12 dm³ = _12,012 m³_

1 dm³ 1 cm³ = _1,001 dm³_ 123 cm³ 5 mm³ = _123,005 cm³_

② **Rechne in die nächstgrößere Maßeinheit um.**

8 000 mm³ = _8 cm³_ 12 800 cm³ = _12,8 dm³_

250 dm³ = _0,25 m³_ 10 mm³ = _0,01 cm³_

950 000 cm³ = _950 dm³_ 7 dm³ = _0,007 m³_

③ **Rechne in die nächstkleinere Maßeinheit um.**

12 m³ = _12 000 dm³_ 4 dm³ = _4 000 cm³_

0,07 cm³ = _70 mm³_ 0,6 m³ = _600 dm³_

0,0003 dm³ = _0,3 cm³_ 3 000 cm³ = _3 000 000 mm³_

④ **Rechne schrittweise in die angegebene Maßeinheit um.**

120 000 mm³ (in dm³) = _120 cm³ = 0,12 dm³_

0,00006 m³ (in cm³) = _0,06 dm³ = 60 cm³_

1 m³ (in mm³) = _1 000 dm³ = 1 000 000 cm³ = 1 000 000 000 mm³_

Berechne die Oberflächen der folgenden Körper.

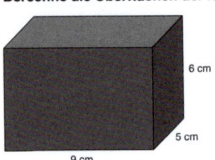

6 cm
5 cm
9 cm

$O = 2 \cdot a \cdot b + 2 \cdot a \cdot c + 2 \cdot b \cdot c$

$O = 2 \cdot 9\,cm \cdot 5\,cm + 2 \cdot 9\,cm \cdot 6\,cm + 2 \cdot 5\,cm \cdot 6\,cm$

$O = 90\,cm^2 + 108\,cm^2 + 60\,cm^2$

$O = 258\,cm^2$

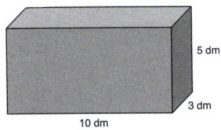

5 dm
3 dm
10 dm

$O = 2 \cdot a \cdot b + 2 \cdot a \cdot c + 2 \cdot b \cdot c$

$O = 2 \cdot 10\,dm \cdot 3\,dm + 2 \cdot 10\,dm \cdot 5\,dm + 2 \cdot 3\,dm \cdot 5\,dm$

$O = 60\,dm^2 + 100\,dm^2 + 30\,dm^2$

$O = 190\,dm^2$

10 m
10 m
10 m

$O = 6 \cdot a \cdot a$

$O = 6 \cdot 10\,m \cdot 10\,m$

$O = 600\,m^2$

46

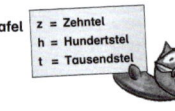

① Trage die Brüche in die erweiterte Stellenwerttafel ein. Schreibe als Dezimalzahl.

z = Zehntel
h = Hundertstel
t = Tausendstel

	H	Z	E	,	$\frac{1}{10}$ z	$\frac{1}{100}$ h	$\frac{1}{1000}$ t	
2,4			2	,	4			$2\frac{4}{10} = 2 + \frac{4}{10}$
4,37			4	,	3	7		$4\frac{37}{100} = 4 + \frac{3}{10} + \frac{7}{100}$
2,468			2	,	4	6	8	$2\frac{468}{1000} = 2 + \frac{4}{10} + \frac{6}{100} + \frac{8}{1000}$
6,207			6	,	2	0	7	$6\frac{207}{1000} = 6 + \frac{2}{10} + \frac{7}{1000}$
5,69			5	,	6	9		$5\frac{69}{100} = 5 + \frac{6}{10} + \frac{9}{100}$
0,108			0	,	1	0	8	$\frac{108}{1000} = \frac{1}{10} + \frac{8}{1000}$
8,24			8	,	2	4		$8\frac{24}{100} = 8 + \frac{2}{10} + \frac{4}{100}$
4,06			4	,	0	6		$4\frac{6}{100} = 4 + \frac{6}{100}$

② Verwandle in Brüche, die als Nenner eine Stufenzahl haben. Kürze so weit wie möglich.

$7,25 = 7\frac{25}{100} = 7\frac{1}{4}$

$0,004 = \frac{4}{1000} = \frac{1}{250}$

$4,2 = 4\frac{2}{10} = 4\frac{1}{5}$

$3,06 = 3\frac{6}{100} = 3\frac{3}{50}$

$1,8 = 1\frac{8}{10} = 1\frac{4}{5}$

$9,002 = 9\frac{2}{1000} = 9\frac{1}{500}$

$7,75 = 7\frac{75}{100} = 7\frac{3}{4}$

$5,55 = 5\frac{55}{100} = 5\frac{11}{20}$

47

Wie heißen die am Zahlenstrahl markierten Dezimalbrüche?

0,2   0,9   1,8   2,9   3,8
0   1   2   3

6,5   7,1   7,7   8,6   9,2   9,9
6   7   8   9

24,4   24,8   25,6   26,3   27,1   27,6
24   25   26   27

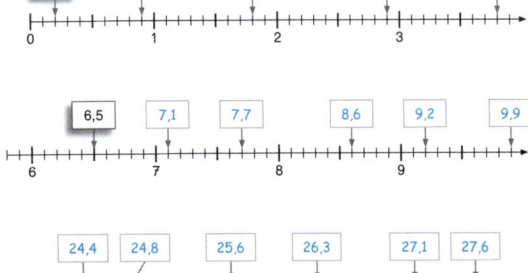

2,04   2,11   2,16   2,24   2,34
2,0   2,1   2,2   2,3

8,72   8,78   8,86   8,93   9,04
8,7   8,8   8,9   9,0

48

① Wie heißen die am Zahlenstrahl markierten Dezimalbrüche?

a) 4,253   4,263   4,271   4,279   4,286
4,25   4,26   4,27   4,28

b) 20,682   20,693   20,701   20,708   20,715
20,68   20,69   20,70   20,71

② Schreibe die Dezimalbrüche an die richtige Stelle.

a) 12,9   12,67   12,78   12,94   12,7   12,87   12,6

12,67   12,78   12,87   12,94
12,6   12,7   12,8   12,9

b) 20,01   20,24   20,1   19,93   20,0   20,15   20,06

19,93   20,01   20,06   20,15   20,24
19,9   20,0   20,1   20,2

49

Dezimalbrüche

1 Setze ein: $>$ $=$ $<$.

2,38	$<$ 2,83	64,32	$>$ 63,42	3,54	$>$ 3,45
7,4	$>$ 7,04	95,38	$<$ 98,53	8,70	$=$ 8,7
8,5	$=$ 8,50	26,69	$<$ 26,96	4,32	$>$ 4,23
6,047	$<$ 6,407	24,84	$>$ 24,824	4,034	$<$ 4,304
8,878	$>$ 8,787	80,81	$>$ 80,088	9,876	$>$ 9,867

2 Ordne der Größe nach. Beginne mit dem kleinsten Wert.

0,27	7,2	0,72	2,7		14,3	3,14	1,43	4,13

0,27 0,72 2,7 7,2   1,43 3,14 4,13 14,3

1,23	2,13	3,21	1,32		4,16	6,41	1,64	4,61

1,23 1,32 2,13 3,21   1,64 4,16 4,61 6,41

3 Ordne der Größe nach. Beginne mit dem größten Wert. Benutze das Zeichen $>$.

0,87	8,07	7,08	0,78	8,7	80,7	0,078	7,008	0,087

80,7 > 8,7 > 8,07 > 7,08 > 7,008 > 0,87 > 0,78 > 0,087 > 0,078

10,5	0,015	5,01	0,15	1,50	5,10	10,05	1,05	0,51

10,5 > 10,05 > 5,10 > 5,01 > 1,50 > 1,05 > 0,51 > 0,15 > 0,015

Dezimalbrüche – Ergänzen

1 a)

0,3 + 0,7 = 1,0	2,3 + 0,7 = 3,0	7,9 + 0,1 = 8,0
0,7 + 0,3 = 1,0	2,8 + 0,2 = 3,0	7,4 + 0,6 = 8,0
0,4 + 0,6 = 1,0	2,4 + 0,6 = 3,0	7,3 + 0,7 = 8,0
0,8 + 0,2 = 1,0	2,6 + 0,4 = 3,0	7,5 + 0,5 = 8,0

b)

2,8 + 2,2 = 5,0	3,7 + 6,3 = 10,0	4,6 + 10,4 = 15,0
3,6 + 1,4 = 5,0	8,4 + 1,6 = 10,0	8,2 + 11,8 = 20,0
1,7 + 3,3 = 5,0	2,6 + 7,4 = 10,0	3,1 + 12,9 = 16,0
0,8 + 4,2 = 5,0	0,9 + 9,1 = 10,0	4,4 + 6,6 = 11,0

c)

0,92 + 0,08 = 1,0	3,79 + 1,21 = 5,0	5,49 + 4,51 = 10,0
1,26 + 0,74 = 2,0	4,13 + 0,87 = 5,0	2,44 + 7,56 = 10,0
3,78 + 0,22 = 4,0	6,45 + 0,55 = 7,0	6,75 + 3,25 = 10,0
4,81 + 0,19 = 5,0	8,64 + 0,36 = 9,0	4,49 + 5,51 = 10,0

d)

3,54 + 1,96 = 5,5	2,76 + 1,14 = 3,9	7,68 + 1,72 = 9,4
6,12 + 1,18 = 7,3	5,39 + 1,81 = 7,2	4,88 + 1,42 = 6,3

2 Ergänze. Immer drei Zahlen, waagrecht oder senkrecht addiert, ergeben die im Dach angegebene Summe.

5,0		
1,2	2,4	1,4
2,5	2,3	0,2
1,3	0,3	3,4

2,8		
1,6	0,4	0,8
1,0	1,3	0,5
0,2	1,1	1,5

10,0		
2,6	5,8	1,6
4,2	1,3	4,5
3,2	2,9	3,9

Brüche – Dezimalbrüche

1 Schreibe als Dezimalbruch.

$\frac{1}{10} = 0,1$	$\frac{3}{10} = 3 \cdot 0,1 = 0,3$	$\frac{9}{10} = 9 \cdot 0,1 = 0,9$	$\frac{14}{10} = 14 \cdot 0,1 = 1,4$
$\frac{1}{2} = 0,5$	$\frac{3}{2} = 3 \cdot 0,5 = 1,5$	$\frac{5}{2} = 5 \cdot 0,5 = 2,5$	$\frac{7}{2} = 7 \cdot 0,5 = 3,5$
$\frac{1}{4} = 0,25$	$\frac{3}{4} = 3 \cdot 0,25 = 0,75$	$\frac{7}{4} = 7 \cdot 0,25 = 1,75$	$\frac{5}{4} = 5 \cdot 0,25 = 1,25$
$\frac{1}{5} = 0,2$	$\frac{2}{5} = 2 \cdot 0,2 = 0,4$	$\frac{4}{5} = 4 \cdot 0,2 = 0,8$	$\frac{3}{5} = 3 \cdot 0,2 = 0,6$
$\frac{1}{8} = 0,125$	$\frac{3}{8} = 3 \cdot 0,125 = 0,375$	$\frac{5}{8} = 5 \cdot 0,125 = 0,625$	$\frac{7}{8} = 7 \cdot 0,125 = 0,875$

Diese Brüche solltest du dir merken.

2 Wandle um und rechne.

$\frac{1}{10} + 0,3 = 0,1 + 0,3 = 0,4 \left(\frac{4}{10}\right)$

$\frac{1}{2} + 0,5 = 0,5 + 0,5 = 1$

$\frac{4}{5} - 0,6 = 0,8 - 0,6 = 0,2 \left(\frac{1}{5}\right)$

$\frac{3}{4} - 0,2 = 0,75 - 0,2 = 0,55 \left(\frac{11}{20}\right)$

$\frac{3}{10} + 1,2 = 0,3 + 1,2 = 1,5 \left(\frac{15}{10} ; \frac{3}{2}\right)$

$\frac{1}{8} + 0,125 = 0,125 + 0,125 = 0,25 \left(\frac{1}{4}\right)$

$\frac{3}{5} - 0,6 = 0,6 - 0,6 = 0$

$\frac{3}{4} - 0,7 = 0,75 - 0,7 = 0,05 \left(\frac{1}{20}\right)$

$\frac{9}{10} + 9,1 = 0,9 + 9,1 = 10$

Dezimalbrüche – Runden

Rundungsregeln:

0, 1, 2, 3, 4 bei der ersten wegfallenden Ziffer → **abrunden**
5, 6, 7, 8, 9 bei der ersten wegfallenden Ziffer → **aufrunden**

1 Runden auf Zehntel: Betrachte die Hundertstel-Stelle und färbe sie.

8,632 ≈ 8,6	2,454 ≈ 2,5	6,05 ≈ 6,1
4,479 ≈ 4,5	3,67 ≈ 3,7	2,075 ≈ 2,1
0,547 ≈ 0,5	8,9729 ≈ 9,0	3,5582 ≈ 3,6
1,3919 ≈ 1,4	4,366 ≈ 4,4	1,346 ≈ 1,3

2 Runden auf Hundertstel: Betrachte die Tausendstel-Stelle und färbe sie.

20,4475 ≈ 20,45	0,68947 ≈ 0,69	4,34556 ≈ 4,35
16,668 ≈ 16,67	6,0379 ≈ 6,04	6,3444 ≈ 6,34
10,0447 ≈ 10,04	9,9091 ≈ 9,91	8,98476 ≈ 8,98
68,38144 ≈ 68,38	3,03555 ≈ 3,04	4,3456 ≈ 4,35

3 Runde auf Tausendstel: Betrachte die Zehntausendstel-Stelle und färbe sie.

9,34564 ≈ 9,346	3,876564 ≈ 3,877	6,12666 ≈ 6,127
8,0507 ≈ 8,051	2,34549 ≈ 2,345	0,03038 ≈ 0,030
0,004655 ≈ 0,005	0,200711 ≈ 0,201	2,39487 ≈ 2,395
12,987669 ≈ 12,988	6,746556 ≈ 6,747	0,00945 ≈ 0,009

① Streiche nicht drehsymmetrische Figuren durch und trage bei drehsymmetrischen Figuren die Drehpunkte ein.

② Um welche Gradzahl muss man mindestens drehen, um die Figur wieder auf sich selbst abzubilden?

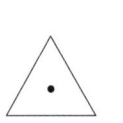 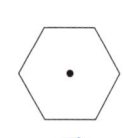 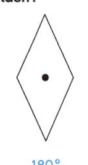 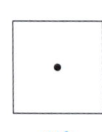

120°   60°   180°   90°

③ Drehe die Figur so oft um den rot gefärbten Drehpunkt, bis sie wieder auf der Ursprungsfigur zu liegen kommt. Drehwinkel und Drehrichtung sind in Klammern angegeben.

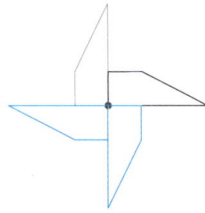  

(90° / Gegenuhrzeigersinn)   (120° / Uhrzeigersinn)

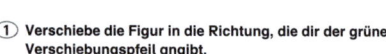

① Verschiebe die Figur in die Richtung, die dir der grüne Verschiebungspfeil angibt.

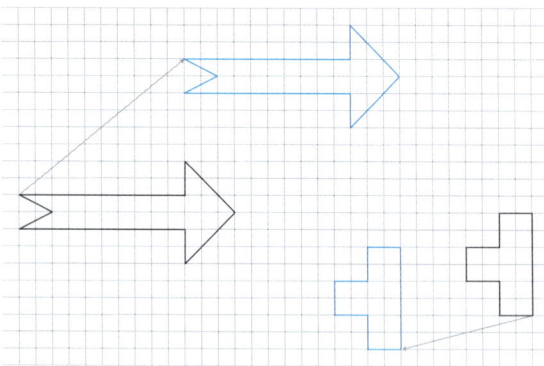

② Bei diesen Parallelverschiebungen ist etwas schiefgegangen. Markiere die Eckpunkte, die nicht der Verschiebungsvorschrift entsprechen.

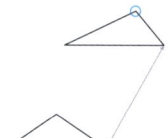 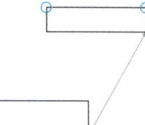 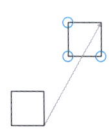

1 Schreibe untereinander und berechne.

a) 305,36 + 12,4 + 0,38   6,37 + 2,07 + 1,005   0,3 + 2,06 + 8,302

```
   3 0 5, 3 6              6, 3 7               0, 3
     1 2, 4                2, 0 7               2, 0 6
 +      0, 3 8         +   1, 0 0 5         +   8, 3 0 2
  ────────────          ──────────           ──────────
   3 1 8, 1 4              9, 4 4 5           1 0, 6 6 2
```

b) 14,5 – 6,05   8,72 – 4,44   9,036 – 2,37

```
   1 4, 5                8, 7 2               9, 0 3 6
 –    6, 0 5         –   4, 4 4           –   2, 3 7
  ──────────          ──────────           ──────────
      8, 4 5            4, 2 8               6, 6 6 6
```

2 Berechne die Summe der Zahlen 2,34 und 9,03. Runde das Ergebnis auf Zehntel.

```
     2, 3 4
 +   9, 0 3              1 1, 3 7 ≈ 1 1, 4
  ──────────
   1 1, 3 7
```

3 Berechne die Differenz der Zahlen 68,708 und 35,929. Runde das Ergebnis auf Hundertstel.

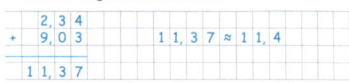

```
   6 8, 7 0 8
 – 3 5, 9 2 9            3 2, 7 7 9 ≈ 3 2, 7 8
  ──────────
   3 2, 7 7 9
```

4 Berechne die Summe der Zahlen 6,35 und 8,82 und addiere zum Ergebnis die Hälfte von 8,4. Runde das Ergebnis auf Zehntel.

```
     6, 3 5                            1 5, 1 7
 +   8, 8 2      8,4 : 2 = 4,2     +      4, 2        1 9, 3 7 ≈ 1 9, 4
  ──────────                        ──────────
   1 5, 1 7                          1 9, 3 7
```

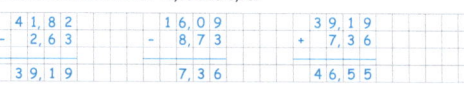

5 Addiere zur Differenz der Zahlen 41,82 und 2,63 die Differenz der Zahlen 16,09 und 8,73.

```
   4 1, 8 2           1 6, 0 9           3 9, 1 9
 –    2, 6 3        –    8, 7 3        +    7, 3 6
  ──────────         ──────────         ──────────
   3 9, 1 9             7, 3 6           4 6, 5 5
```

6 Subtrahiere von der Summe der Zahlen 28,305 und 0,62 die Differenz der Zahlen 29,44 und 20,81.

```
   2 8, 3 0 5         2 9, 4 4           2 8, 9 2 5
 +    0, 6 2        – 2 0, 8 1        –      8, 6 3
  ──────────         ──────────         ──────────
   2 8, 9 2 5             8, 6 3         2 0, 2 9 5
```

7 Addiere zur Summe der Zahlen 9,87 und 6,32 die Differenz der gleichen Zahlen.

```
     9, 8 7             9, 8 7           1 6, 1 9
 +   6, 3 2        –    6, 3 2        +    3, 5 5
  ──────────         ──────────         ──────────
   1 6, 1 9             3, 5 5           1 9, 7 4
```

8 Addiere zur Differenz der Zahlen 68,7 und 35,9 das Doppelte von 3,45.

```
   6 8, 7        3,45 · 2 = 6,90          3 2, 8
 – 3 5, 9                              +    6, 9
  ──────                                ──────────
   3 2, 8                                3 9, 7
```

9 Berechne die Summe der Zahlen 5,76 und 3,448 und addiere zum Ergebnis das Dreifache von 2,5.

```
     5, 7 6       2,5 · 3 = 7,5            9, 2 0 8
 + 3, 4 4 8                            +    7, 5
  ──────────                            ──────────
   9, 2 0 8                             1 6, 7 0 8
```

Page 58

Multiplikation und Division mit Stufenzahlen

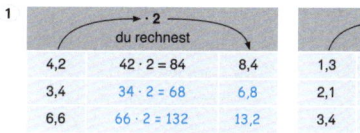

· 10 → Komma um **eine** Stelle nach **rechts**
· 100 → Komma um **zwei** Stellen nach **rechts**

1 Multipliziere mit der angegebenen Zahl.

$0,2 · 10 = 2$ $0,20 · 100 = 20$

· 10	
24	240
2,4	24
240	2 400
0,24	2,4

· 100	
6,48	648
0,648	64,8
0,0648	6,48
64,8	6 480

· 1 000	
0,0456	45,6
4,56	4 560
45,6	45 600
0,456	456

· 10	
53	530
0,53	5,3
5,3	53
530	5 300

· 100	
12	1 200
0,12	12
1,2	120
120	12 000

· 1 000	
309	309 000
30,9	30 900
3,09	3 090
0,309	309

2
: 10 → Komma um **eine** Stelle nach **links**
: 100 → Komma um **zwei** Stellen nach **links**

Dividiere durch die angegebene Zahl.

$06,0 : 10 = 0,6$ $006,0 : 100 = 0,06$

: 10	
68	6,8
0,68	0,068
6,8	0,68
680	68

: 100	
47	0,47
0,47	0,0047
4,7	0,047
470	4,7

: 1 000	
706	0,706
0,706	0,000706
70,6	0,0706
7060	7,06

: 10	
93	9,3
0,93	0,093
9,3	0,93
930	93

: 100	
21	0,21
0,21	0,0021
2,1	0,021
210	2,1

: 1 000	
306	0,306
3,06	0,00306
3 060	3,060
30,6	0,0306

Page 59

Multiplikation und Division

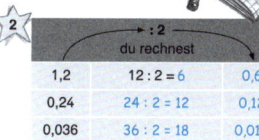

Rechne erst ohne Komma.

1

	· 2 du rechnest	
4,2	42 · 2 = 84	8,4
3,4	34 · 2 = 68	6,8
6,6	66 · 2 = 132	13,2

	· 5 du rechnest	
1,3	13 · 5 = 65	6,5
2,1	21 · 5 = 105	10,5
3,4	34 · 5 = 170	17,0

	· 3 du rechnest	
1,2	12 · 3 = 36	3,6
0,6	6 · 3 = 18	1,8
2,2	22 · 3 = 66	6,6

	· 8 du rechnest	
0,7	7 · 8 = 56	5,6
1,2	12 · 8 = 96	9,6
0,9	9 · 8 = 72	7,2

2

	: 2 du rechnest	
1,2	12 : 2 = 6	0,6
0,24	24 : 2 = 12	0,12
0,036	36 : 2 = 18	0,018

	: 6 du rechnest	
4,2	42 : 6 = 7	0,7
0,18	18 : 6 = 3	0,03
0,054	54 : 6 = 9	0,009

	: 4 du rechnest	
2,8	28 : 4 = 7	0,7
3,6	36 : 4 = 9	0,9
4,8	48 : 4 = 12	1,2

	: 7 du rechnest	
0,21	21 : 7 = 3	0,03
3,5	35 : 7 = 5	0,5
0,049	49 : 7 = 7	0,007

Page 60

Dezimalbrüche – Multiplikation mit Komma

$2{,}37 · 4{,}5 = 10{,}665$

2 Stellen hinter dem Komma · 1 Stelle hinter dem Komma = 3 Stellen hinter dem Komma

Das Ergebnis hat so viele Stellen hinter dem Komma wie die Summe der Kommastellen der einzelnen Faktoren.

1 Beachte die Kommastellen. Welches Ergebnis stimmt?

$4,9 · 2,27 =$ 111,23 □ **11,123 X** 1112,3 □

$0,02 · 3,64 =$ 0,728 □ **0,0728 X** 0,00728 □

$4,27 · 3,91 =$ **16,6957 X** 166,957 □ 1669,57 □

$9,32 · 4,77 =$ 444,564 □ 4,44564 □ **44,4564 X**

$1,73 · 3,423 =$ 5921,79 □ 59,2179 □ **5,92179 X**

$2,032 · 0,047 =$ 0,95504 □ **0,095504 X** 0,0095504 □

2 Multipliziere zuerst ohne Komma. Danach setze das Komma.

```
5,3 · 7,4
  3 7 1
  2 1 2
3 9,2 2
```

```
2,36 · 6,4
  1 4 1 6
    9 4 4
1 5,1 0 4
```

```
8,36 · 4,14
  3 3 4 4
  8 3 6
  3 3 4 4
3 4,6 1 0 4
```

```
3,4 · 5,2
  1 7 0
    6 8
1 7,6 8
```

```
49,7 · 5,2
  2 4 8 5
    9 9 4
2 5 8,4 4
```

```
1,04 · 8,39
  8 3 2
  3 1 2
  9 3 6
8,7 2 5 6
```

Page 61

Dezimalbrüche – Division mit Komma

1 Teilen durch eine natürliche Zahl

```
1 3 2,3 : 9 = 1 4,7
- 9
  4 2
- 3 6
    6 3
  - 6 3
      0
```

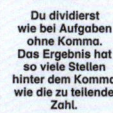 

Du dividierst wie bei Aufgaben ohne Komma. Das Ergebnis hat so viele Stellen hinter dem Komma wie die zu teilende Zahl.

```
2 0 7,6 : 12 = 1 7,3
- 1 2
  8 7
- 8 4
  3 6
- 3 6
    0
```

```
1 9 0,7 2 : 64 = 2,9 8
- 1 2 8
  6 2 7
- 5 7 6
  5 1 2
- 5 1 2
      0
```

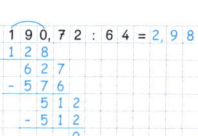 Vor dem Dividieren musst du das Komma bei beiden Zahlen um gleich viele Stellen nach rechts verschieben, bis die zweite Zahl eine natürliche Zahl ist.

2 Teilen durch einen Dezimalbruch

```
9,5 2 : 2,8 =
9 5,2 : 28 = 3,4
- 8 4
  1 1 2
- 1 1 2
      0
```

```
2 8,0 8 : 3,6 =
2 8 0,8 : 36 = 7,8
- 2 5 2
  2 8 8
- 2 8 8
      0
```

```
2 3,3 6 : 3,2 =
2 3 3,6 : 32 = 7,3
- 2 2 4
    9 6
  - 9 6
      0
```

```
4,3 6 8 : 0,5 2 =
4 3 6,8 : 52 = 8,4
- 4 1 6
  2 0 8
- 2 0 8
      0
```

Geld-Wechselkurse im Juni 2008

1 Schweizer Franken = 0,62 €   1 englisches Pfund = 1,27 €

1 US-Dollar = 0,65 €   1 neue türkische Lira = 0,53 €

1 russischer Rubel = 0,03 €   1 dänische Krone = 0,13 €

(1) Andreas hat von seinem Onkel, der in den USA lebt, 25 Dollar zum Geburtstag bekommen. Er will sie in Euro umtauschen.
Wie viel Euro bekommt er?

Antwort: Er bekommt 16,25 €.

1 Dollar = 0,65 €
25 Dollar = 25 · …

25 · 0,65 € =
= 16,25 €

(2) Im Englischunterricht erfahren Sarah und Paulina, dass die Schuluniform für die 12-jährige Diana 68 englische Pfund kostet und dass sie für Schulbücher zu Beginn des Schuljahres 29 englische Pfund bezahlen muss. Die beiden überlegen, wie viel Euro Diana ausgeben müsste.

Antwort: Sie müsste 123,19 € ausgeben.

68 + 29 = 97

97 · 1,27 € =
= 123,19 €

(3) Ayse erhält von ihrer Oma, die aus der Türkei zu Besuch kommt, eine Halskette mit einem kleinen Anhänger. Auf dem Preisschild liest sie: 21 türkische Lira.
Wie viel Euro sind das?

Antwort: Es sind 11,13 €.

Nimm dir einen Zettel, falls dir der Platz nicht reicht.

21 · 0,53 € =
= 11,13 €

(4) Julia ist in den Ferien mit ihren Eltern in Dänemark. Beim Eisessen am Strand erschrickt sie: „Ein kleines Eis kostet 25 dänische Kronen! Das ist ja viel teurer als bei uns!"
Was kostet das Eis in Euro?

Antwort: Das Eis kostet 3,25 €.

25 · 0,13 € = 3,25 €

(5) Nach den Ferien bringen Alexander, Selim, Tom und Sarah ihr restliches Urlaubsgeld mit:
Alexander: 37 russische Rubel,
Tom: 5 englische Pfund,
Selim: 11 türkische Lira,
Sarah: 24 dänische Kronen.
Wer hat am meisten Geld? (Vergleiche in Euro.)

Alexander: 1,11 €   Tom: 6,35 €

Selim: 5,83 €   Sarah: 3,12 €

Antwort: Tom hat am meisten Geld:
6,35 €.

37 · 0,03 € = 1,11 €

5 · 1,27 € = 6,35 €

11 · 0,53 € = 5,83 €

24 · 0,13 € = 3,12 €

6 Fabian war mit seinen Eltern in der Schweiz. Er kaufte 6 Tafeln Schokolade für 8,40 Franken und ein T-Shirt für 24,90 Schweizer Franken. Er rechnet aus, wie viel Euro 1 Tafel Schokolade kostet und wie teuer das T-Shirt wäre, wenn er es in Euro bezahlen würde.

Antwort: Eine Tafel Schokolade würde etwa
0,87 € kosten, das T-Shirt würde etwa
15,44 € kosten.

8,40 : 6 = 1,40

1,40 · 0,62 € =
= 0,868 € ≈ 0,87 €

24,90 · 0,62 € =
= 15,438 €
≈ 15,44 €

Im Jahr 2007 sahen die Besucherzahlen im Tierpark Hellabrunn etwa so aus:

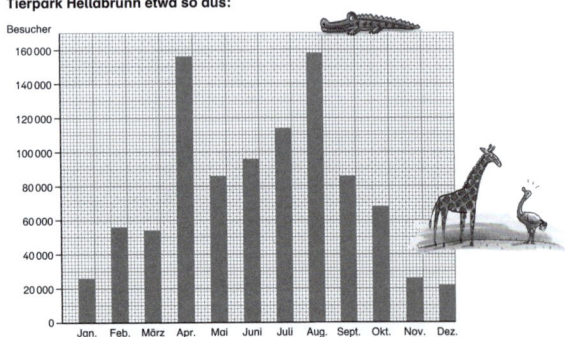

Das Geheimnis des Sternenhimmels
Auflösung Sternenbild: Pegasus

(1) a) Die meisten Besucher (158 000) kamen im Monat   August   .

b) Die wenigsten Besucher (22 000) gab es im Monat   Dezember   .

(2) a) Im ganzen Jahr besuchten insgesamt   948 000   Personen den Tierpark.

b) Das waren im Durchschnitt   79 000   Besucher pro Monat.

```
    26000        832000
    56000         68000
    54000         26000
  156000      +   22000
    86000
    96000        948000
  114000
  158000
 + 86000

  832000       948000 : 12 = 79000
```

3 Kürze vor dem Multiplizieren.

a) $\dfrac{5}{12} \cdot \dfrac{6}{7} =$ _____

$\dfrac{7}{8} \cdot \dfrac{4}{5} =$ _____

$\dfrac{2}{3} \cdot \dfrac{3}{10} =$ _____

$\dfrac{4}{5} \cdot \dfrac{3}{8} =$ _____

b) $\dfrac{7}{12} \cdot \dfrac{9}{14} =$ _____

$\dfrac{49}{100} \cdot \dfrac{10}{21} =$ _____

$\dfrac{9}{16} \cdot \dfrac{8}{27} =$ _____

$\dfrac{12}{25} \cdot \dfrac{15}{16} =$ _____

4 Schreibe die gemischte Zahl als Bruch. Multipliziere dann.

$2\dfrac{3}{4} \cdot \dfrac{4}{5} =$ _____

$1\dfrac{5}{6} \cdot \dfrac{3}{5} =$ _____

$\dfrac{7}{8} \cdot 1\dfrac{1}{7} =$ _____

$\dfrac{2}{5} \cdot 2\dfrac{2}{9} =$ _____

5 Für Mathe-Super-Stars

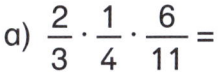

Rechne auf einem langen
Bruchstrich und kürze!

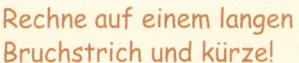

a) $\dfrac{2}{3} \cdot \dfrac{1}{4} \cdot \dfrac{6}{11} =$ _____

b) $3 \cdot 4\dfrac{1}{2} \cdot \dfrac{5}{18} =$ _____

c) $\dfrac{4}{7} \cdot 1\dfrac{1}{6} \cdot \dfrac{3}{4} =$ _____

d) $4\dfrac{2}{7} \cdot \dfrac{14}{15} \cdot \dfrac{1}{8} =$ _____

$\frac{1}{3}$ von 24, $\frac{1}{4}$ von 24, $\frac{1}{6}$ von 24, das rechne ich im Kopf …

1 Von den 24 Schülern der Klasse 6a kommt $\frac{1}{3}$ täglich mit dem Bus zur Schule, $\frac{1}{4}$ kommt mit dem Rad und $\frac{1}{6}$ wird mit dem Auto gebracht. Die restlichen Schüler kommen zu Fuß zur Schule.

Wie viele Schüler kommen täglich zu Fuß in die Schule?

Antwort: _____

$\frac{2}{5}$ von 20 bedeutet: $\frac{2}{5} \cdot 20$

2 Jonas bekommt im Monat 20 € Taschengeld. $\frac{2}{5}$ davon gibt er meist für Bücher oder Zeitschriften aus, $\frac{1}{4}$ verwendet er für andere kleine Einkäufe, $\frac{1}{10}$ spart er, $\frac{3}{20}$ gibt er für Süßigkeiten aus und für den Rest will er auf dem Flohmarkt einkaufen.

Wie viel Geld will er auf dem Flohmarkt ausgeben?

Antwort: _____

Alle Teile zusammen müssen 1 ergeben!

3 Familie Klein hat eine Familienpizza bestellt, die in gleich große Stücke aufgeteilt ist. Tom isst $\frac{1}{3}$ der Pizza, Andrea $\frac{1}{6}$, Herr und Frau Klein je $\frac{1}{4}$.

Wie viele Stücke hatte die Pizza mindestens und wie viele Stücke hat jeder gegessen?

Antwort: _____

_____

_____

_____

4 Familie Müller hat 36 000 € geerbt. $\frac{3}{5}$ davon werden für ein neues Auto ausgegeben, $\frac{2}{9}$ werden gespart, für $\frac{1}{8}$ macht die Familie eine Urlaubsreise, den Rest geben die Müllers für Reitstunden ihrer beiden Töchter aus.

Wie viel Geld kann für Reitstunden ausgegeben werden?

Antwort: _____

_____

5 Der Elternbeirat der Wilhelm-Busch-Schule verteilt $\frac{2}{3}$ des Gewinnes, der beim Schulfest erzielt wurde, an die 10 Klassen. Jede Klasse erhält so 80 € für die Klassenkasse.

Wie hoch war der Gewinn insgesamt?

Antwort: _____

$\frac{2}{3} \rightarrow 10 \cdot 80\ €$

$\frac{1}{3} \rightarrow\ ?$

$\frac{3}{3} \rightarrow$ Gewinn

6 Ein reicher Mann hinterließ seinen 3 Söhnen insgesamt 23 Kamele. Im Testament stand, dass der älteste Sohn die Hälfte der Kamele, der mittlere $\frac{1}{3}$ und der jüngste $\frac{1}{8}$ der Kamele erben sollte. Doch die Söhne konnten das Erbe nicht verteilen.
Da fragten sie einen weisen Mann um Rat. Er lieh ihnen sein Kamel. Nachdem sie das Erbe verteilt hatten, blieb ein Kamel übrig. Das brachten sie dem weisen Mann zurück.

Wie viele Kamele hatte nun jeder Sohn bekommen?

Antwort: _____

_____

_____

Ich bin nur ausgeliehen!

1 **Kehrbrüche**

a) Von jedem Bruch kann man einen Kehrbruch bilden.

Bruch $\dfrac{3}{4}$ ⤬ $\dfrac{4}{3}$ Kehrbruch

Bilde den Kehrbruch:

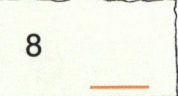 $\dfrac{2}{3}$ $\dfrac{3}{}$  $\dfrac{6}{8}$ ____ 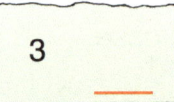 $\dfrac{9}{5}$ ____  $\dfrac{7}{10}$ ____  $\dfrac{2}{4}$ ____

b) Auch von natürlichen Zahlen gibt es einen Kehrbruch.

$5 = \dfrac{5}{1}$ Kehrbruch $\dfrac{1}{5}$

Bilde den Kehrbruch:

8 ____   6 ____   3 ____   2 ____   9 ____

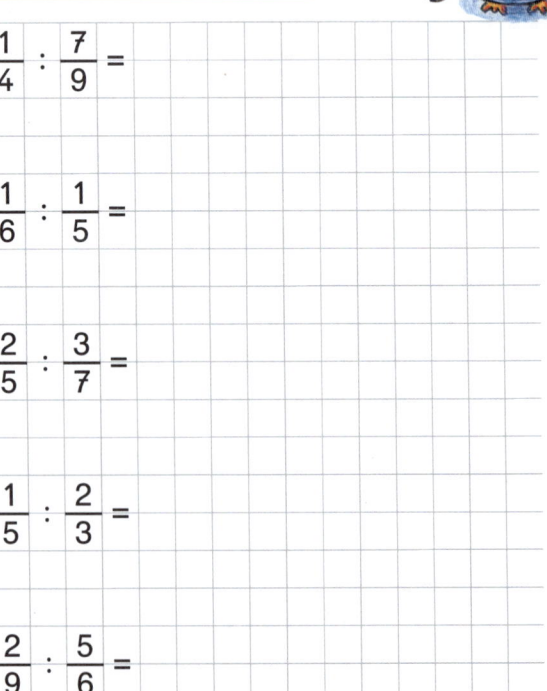

Man dividiert durch einen Bruch, indem man mit dem Kehrbruch multipliziert.

2 **Division von Brüchen**

$\dfrac{1}{3} : \dfrac{2}{5} = \dfrac{1}{3} \cdot \dfrac{5}{2} = \dfrac{1 \cdot 5}{3 \cdot 2} = \dfrac{5}{6}$

$\dfrac{1}{4} : \dfrac{7}{9} =$

$\dfrac{1}{7} : \dfrac{3}{5} = \dfrac{1}{7} \cdot \dfrac{5}{3} =$

$\dfrac{1}{6} : \dfrac{1}{5} =$

$\dfrac{1}{5} : \dfrac{1}{3} =$

$\dfrac{2}{5} : \dfrac{3}{7} =$

$\dfrac{1}{2} : \dfrac{5}{7} =$

$\dfrac{1}{5} : \dfrac{2}{3} =$

$\dfrac{1}{3} : \dfrac{4}{7} =$

$\dfrac{2}{9} : \dfrac{5}{6} =$

3 **Brüche durch Brüche dividieren**

a) $\dfrac{3}{4} : \dfrac{5}{3} = \dfrac{3 \cdot 3}{4 \cdot 5} = \dfrac{9}{20}$

$\dfrac{3}{7} : \dfrac{2}{3} =$

$\dfrac{1}{8} : \dfrac{3}{5} =$

$\dfrac{4}{9} : \dfrac{5}{6} =$

$\dfrac{2}{9} : \dfrac{1}{8} =$

$\dfrac{2}{3} : \dfrac{3}{4} =$

$\dfrac{1}{4} : \dfrac{2}{5} =$

$\dfrac{5}{13} : \dfrac{3}{5} =$

$\dfrac{1}{7} : \dfrac{3}{4} =$

$\dfrac{1}{4} : \dfrac{3}{7} =$

$\dfrac{5}{12} : \dfrac{1}{2} =$

$\dfrac{7}{8} : \dfrac{5}{4} =$

b) $\dfrac{2}{3} : \dfrac{2}{5} = \dfrac{\overset{1}{2} \cdot 5}{3 \cdot \underset{1}{2}} = \dfrac{5}{3} = 1\dfrac{2}{3}$

$\dfrac{7}{8} : \dfrac{6}{8} =$

$\dfrac{3}{4} : \dfrac{2}{5} =$

$\dfrac{2}{3} : \dfrac{1}{4} =$

$\dfrac{3}{9} : \dfrac{7}{12} =$

$\dfrac{3}{8} : \dfrac{1}{4} =$

$\dfrac{2}{5} : \dfrac{2}{3} =$

$\dfrac{5}{8} : \dfrac{5}{7} =$

$\dfrac{3}{4} : \dfrac{8}{9} =$

$\dfrac{1}{4} : \dfrac{1}{6} =$

1 Brüche durch natürliche Zahlen dividieren

$$\frac{2}{3} : 4 = \frac{2}{3} : \frac{4}{1} = \frac{\overset{1}{2} \cdot 1}{3 \cdot \underset{2}{4}} = \frac{1}{6}$$

$$\frac{4}{5} : 8 =$$

$$\frac{7}{8} : 7 =$$

$$\frac{6}{8} : 5 =$$

$$\frac{4}{9} : 2 =$$

$$\frac{9}{10} : 2 =$$

$$\frac{3}{4} : 6 =$$

$$\frac{4}{7} : 3 =$$

$$\frac{5}{6} : 5 =$$

$$\frac{5}{6} : 4 =$$

2 Natürliche Zahlen durch Brüche dividieren

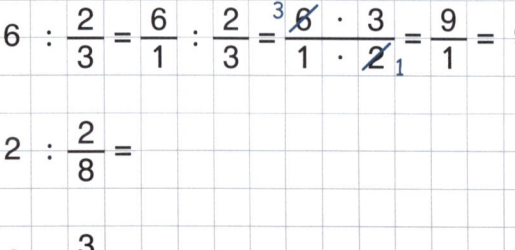

$$6 : \frac{2}{3} = \frac{6}{1} : \frac{2}{3} = \frac{\overset{3}{6} \cdot 3}{1 \cdot \underset{1}{2}} = \frac{9}{1} = 9$$

$$2 : \frac{2}{8} =$$

$$6 : \frac{3}{4} =$$

$$3 : \frac{7}{8} =$$

$$5 : \frac{3}{4} =$$

$$9 : \frac{5}{8} =$$

$$12 : \frac{4}{5} =$$

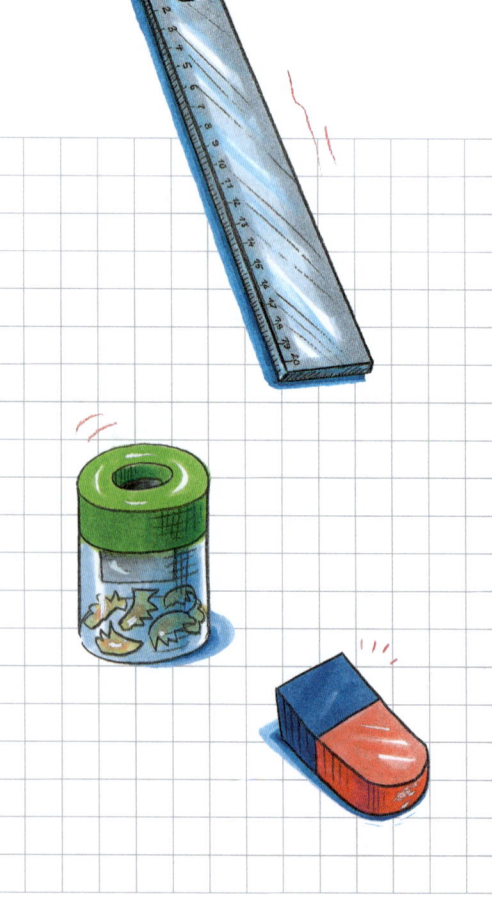

3 Gemischte Zahlen durch Brüche dividieren

$$3\frac{1}{2} : \frac{2}{3} = \frac{7}{2} : \frac{2}{3} = \frac{7 \cdot 3}{2 \cdot 2} = \frac{21}{4} = 5\frac{1}{4}$$

Wandle gemischte Zahlen in Brüche um!

$$6\frac{3}{4} : \frac{1}{8} =$$

$$2\frac{4}{5} : \frac{2}{5} =$$

$$5\frac{1}{3} : \frac{1}{6} =$$

4 Bruch durch gemischte Zahl

$$\frac{2}{5} : 1\frac{1}{2} =$$

$$\frac{3}{4} : 2\frac{3}{4} =$$

$$\frac{6}{7} : 3\frac{1}{3} =$$

$$\frac{3}{5} : 4\frac{1}{10} =$$

5 Gemischte Zahlen durch gemischte Zahlen dividieren

$$1\frac{2}{3} : 2\frac{1}{2} =$$

$$5\frac{1}{7} : 1\frac{1}{8} =$$

$$1\,1\frac{2}{3} : 2\frac{1}{3} =$$

$$3\frac{1}{2} : 3\frac{2}{4} =$$

1 **Berechne die Rauminhalte.**

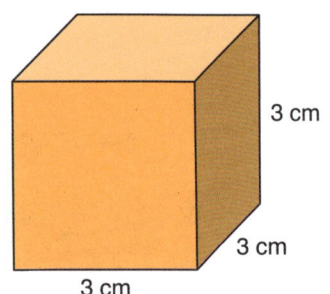

$V = a \cdot a \cdot a$

$V = 3\ cm \cdot$ _____ $\cdot$ _____

$V =$ _____

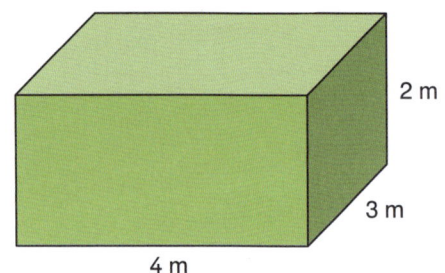

$V = a \cdot b \cdot c$

$V =$ _____ $\cdot$ _____ $\cdot$ _____

$V =$ _____

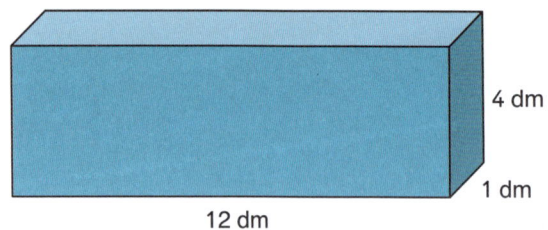

$V =$ _____

$V =$ _____

$V =$ _____

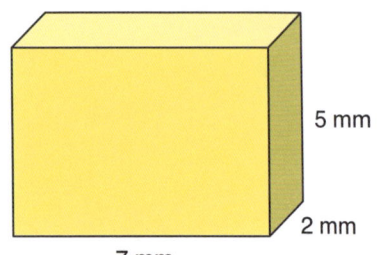

$V =$ _____

$V =$ _____

$V =$ _____

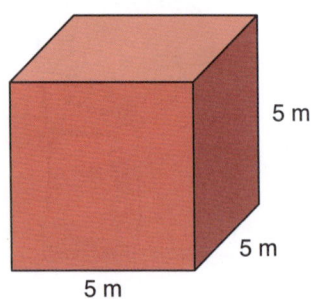

$V =$ _____

$V =$ _____

$V =$ _____

2 **Welche Körper haben das gleiche Volumen?**
Male sie mit derselben Farbe an.

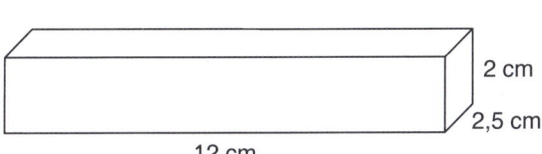

2 cm
2,5 cm
12 cm

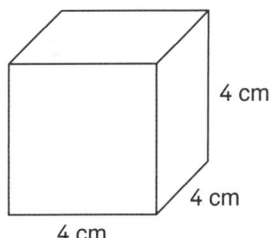

4 cm
4 cm
4 cm

V = _____

V = _____

V = _____

V = _____

V = _____

V = _____

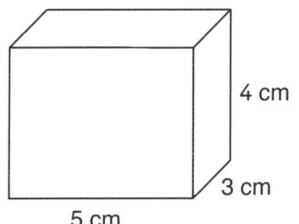

4 cm
3 cm
5 cm

2 cm
4 cm
8 cm

V = _____

V = _____

V = _____

V = _____

V = _____

V = _____

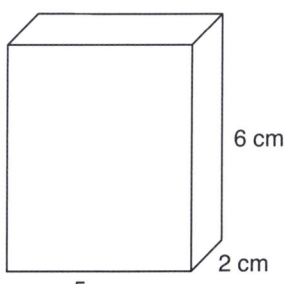

6 cm
2 cm
5 cm

V = _____

V = _____

V = _____

Berechne die Rauminhalte der folgenden Quader.
Wandle zuerst alle Maße in die gleiche Einheit um.

a = 80 mm; b = 5 cm; c = 0,5 dm

a	=	8	cm,	b	=	5	cm,	c	=	5	cm
V	=	a	·	b	·	c					
V	=	8 cm	·	5 cm	·	5 cm					
V	=										

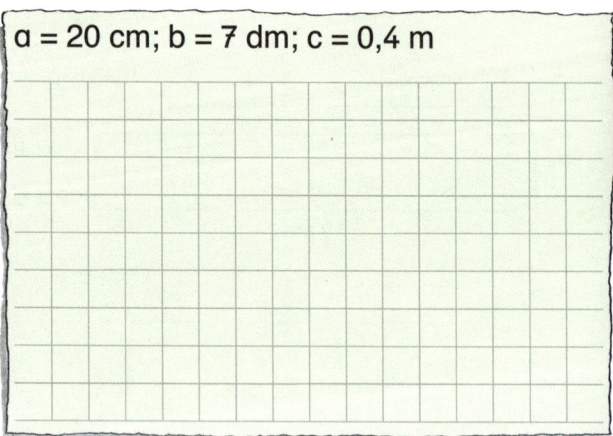

a = 20 cm; b = 7 dm; c = 0,4 m

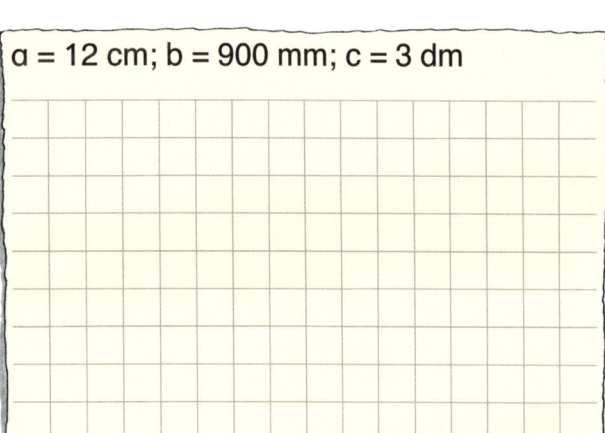

a = 12 cm; b = 900 mm; c = 3 dm

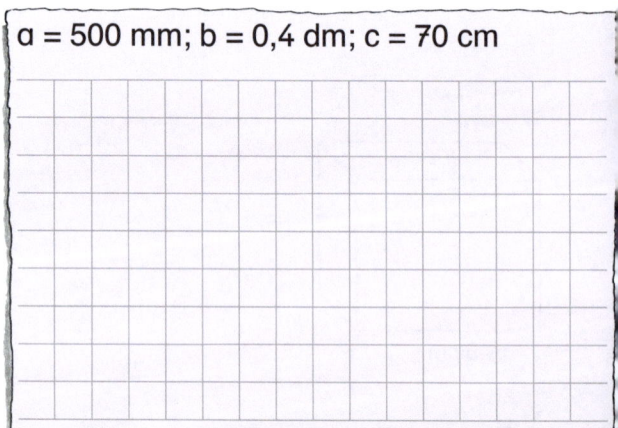

a = 500 mm; b = 0,4 dm; c = 70 cm

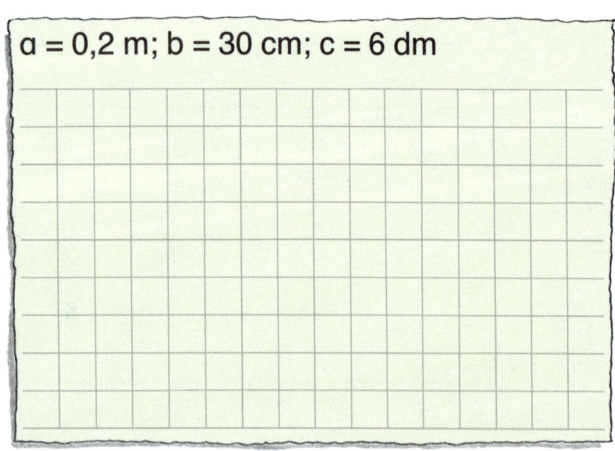

a = 0,2 m; b = 30 cm; c = 6 dm

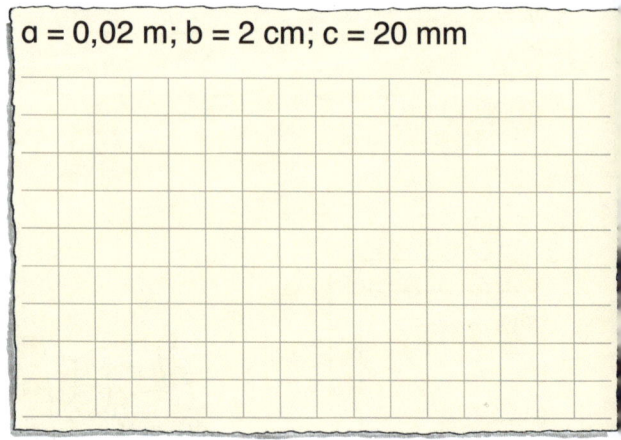

a = 0,02 m; b = 2 cm; c = 20 mm

Da fällt mir ja was auf …

Denke daran: Umrechenzahl bei Raummaßen ist 1000.

(1) Schreibe mit Komma.

$5 \ m^3 \ 144 \ dm^3 \quad =$ _____

$17 \ cm^3 \ 56 \ mm^3 \quad =$ _____

$1 \ dm^3 \ 1 \ cm^3 \quad =$ _____

$10 \ dm^3 \ 779 \ cm^3 =$ _____

$12 \ m^3 \ 12 \ dm^3 \quad =$ _____

$123 \ cm^3 \ 5 \ mm^3 =$ _____

(2) Rechne in die nächstgrößere Maßeinheit um.

$8\,000 \ mm^3 \quad =$ _____

$250 \ dm^3 \quad =$ _____

$950\,000 \ cm^3 \quad =$ _____

$12\,800 \ cm^3 \ =$ _____

$10 \ mm^3 \quad =$ _____

$7 \ dm^3 \quad =$ _____

(3) Rechne in die nächstkleinere Maßeinheit um.

$12 \ m^3 \quad =$ _____

$0{,}07 \ cm^3 \quad =$ _____

$0{,}0003 \ dm^3 \quad =$ _____

$4 \ dm^3 \quad =$ _____

$0{,}6 \ m^3 \quad =$ _____

$3\,000 \ cm^3 \quad =$ _____

(4) Rechne schrittweise in die angegebene Maßeinheit um.

$120\,000 \ mm^3$ (in dm^3) = _____

$0{,}00006 \ m^3$ (in cm^3) = _____

$1 \ m^3$ (in mm^3) = _____

1 **Wie schwer ist das Kätzchen?**

$x + 100$	$=$	1500	$\vert - 100$
$x + 100 - 100$	$=$	$1500 - 100$	
x	$=$	_____	

Antwort: Das Kätzchen wiegt _____ g.

2 **Forme um. Bestimme die Lösungszahl.**

a) $x + 120 = 360$ $\vert -$ ____

_____

_____

$x + 29 = 100$ $\vert$ ____

_____

_____

$3,6 + x = 5,8$ $\vert$ ____

_____

_____

$x + 36 = 72$ $\vert$ ____

_____

_____

$54 + x = 96$ $\vert$ ____

_____

_____

b) $x - 33 = 59$ $\vert$ ____

_____

_____

$x - 46 = 12$ $\vert$ ____

_____

_____

$x - 7,8 = 3,4$ $\vert$ ____

_____

_____

$x - 26 = 74$ $\vert$ ____

_____

_____

$x - 5,5 = 1,8$ $\vert$ ____

_____

_____

3 **Forme um. Bestimme die Lösungszahl.**

a) $x \cdot 6 = 36$ | _____

_____

_____

$x \cdot 3 = 120$ | _____

_____

_____

$2x = 48$ | _____

_____

_____

$5x = 50$ | _____

_____

_____

$60x = 420$ | _____

_____

_____

b) $x : 4 = 6$ | _____

_____

_____

$x : 80 = 5$ | _____

_____

_____

$x : 5 = 1{,}2$ | _____

_____

_____

$x : 6 = 1{,}5$ | _____

_____

_____

$x : 3 = 90$ | _____

_____

_____

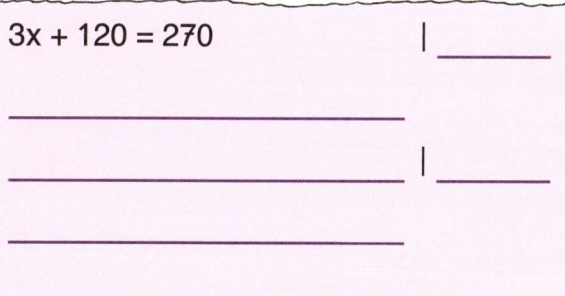

4 **Forme mehrfach um.**

$3x + 120 = 270$ | _____

_____

_____ | _____

_____

_____

$7x - 260 = 300$ | _____

_____

_____ | _____

_____

_____

Berechne die Oberflächen der folgenden Körper.

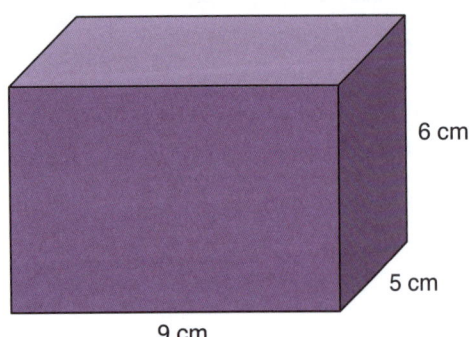

$O = 2 \cdot a \cdot b + 2 \cdot a \cdot c + 2 \cdot b \cdot c$

O =

O =

O =

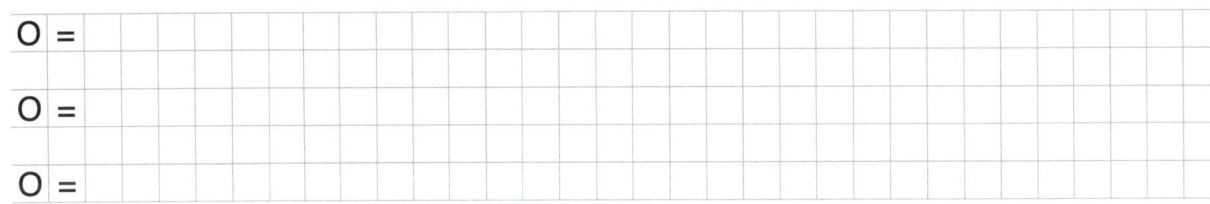

O =

O =

O =

O =

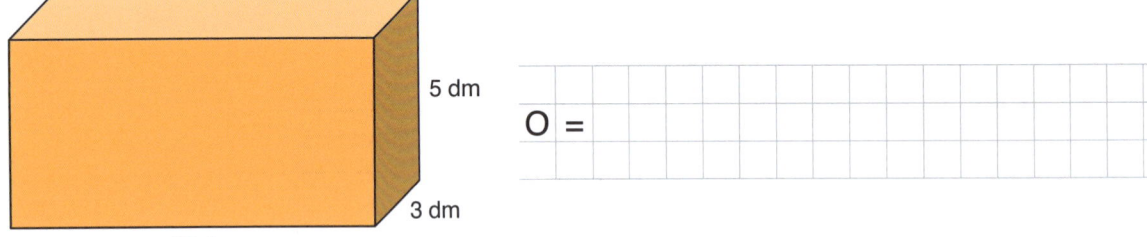

O =

O =

O =

1 Trage die Brüche in die erweiterte Stellenwerttafel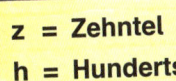
ein. Schreibe als Dezimalzahl.

z = Zehntel
h = Hundertstel
t = Tausendstel

	H	Z	E	,	$\frac{1}{10}$ z	$\frac{1}{100}$ h	$\frac{1}{1000}$ t	
2,4			2	,	4			$2\frac{4}{10} = 2 + \frac{4}{10}$
4,37			4	,	3	7		$4\frac{37}{100} = 4 + \frac{3}{10} +$
2,468								
6,207								
5,69								
0,108								
8,24								
4,06								

2 Verwandle in Brüche, die als Nenner eine Stufenzahl haben.
Kürze so weit wie möglich.

$7,25 = 7\frac{25}{100} = 7\frac{1}{4}$

$4,2 =$

$1,8 =$

$7,75 =$

$0,004 =$

$3,06 =$

$9,002 =$

$5,55 =$

Wie heißen die am Zahlenstrahl markierten Dezimalbrüche?

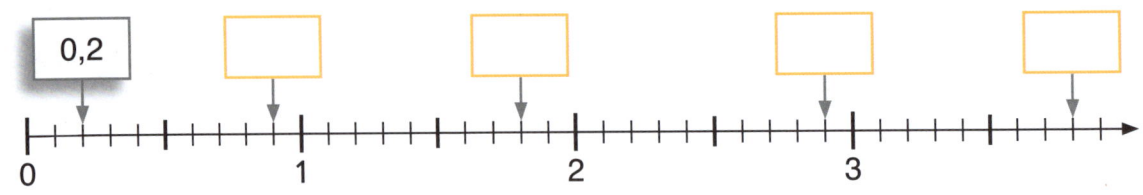

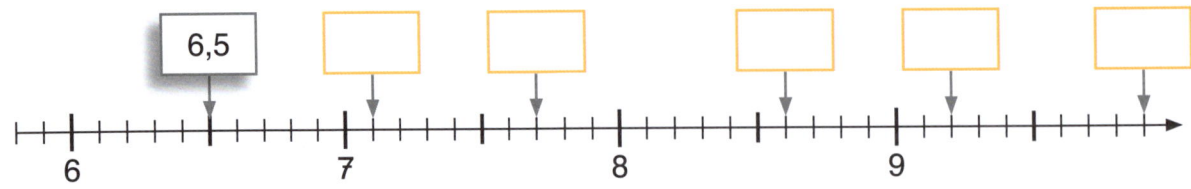

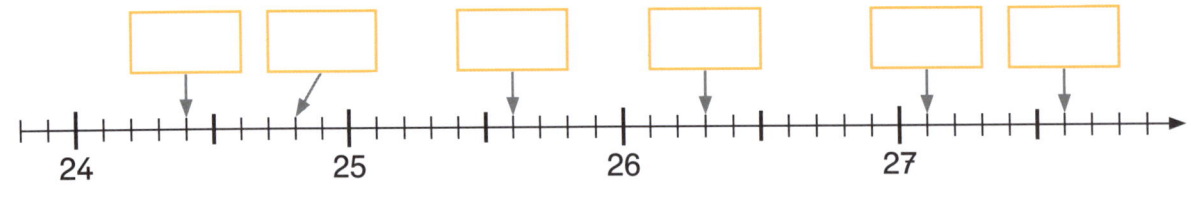

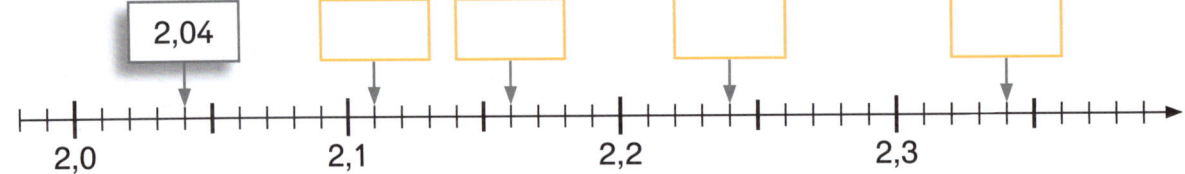

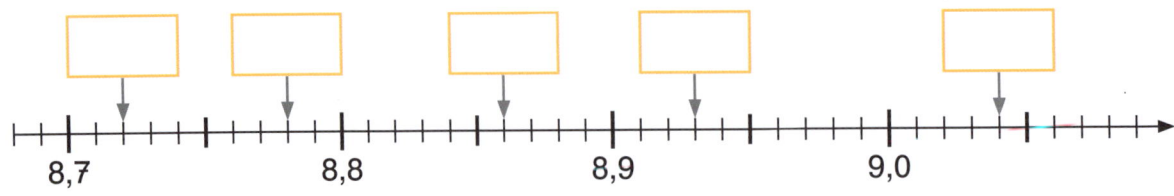

1 **Wie heißen die am Zahlenstrahl markierten Dezimalbrüche?**

a)

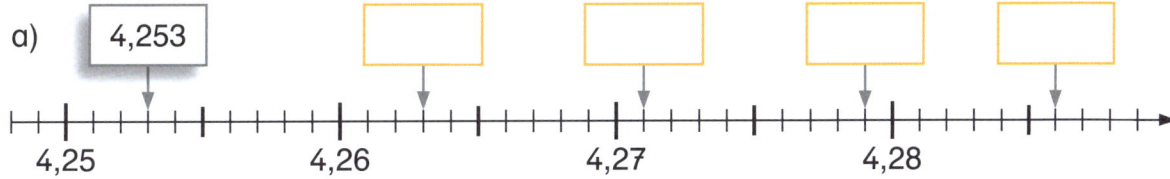

| 4,253 | | | | |

4,25   4,26   4,27   4,28

b)

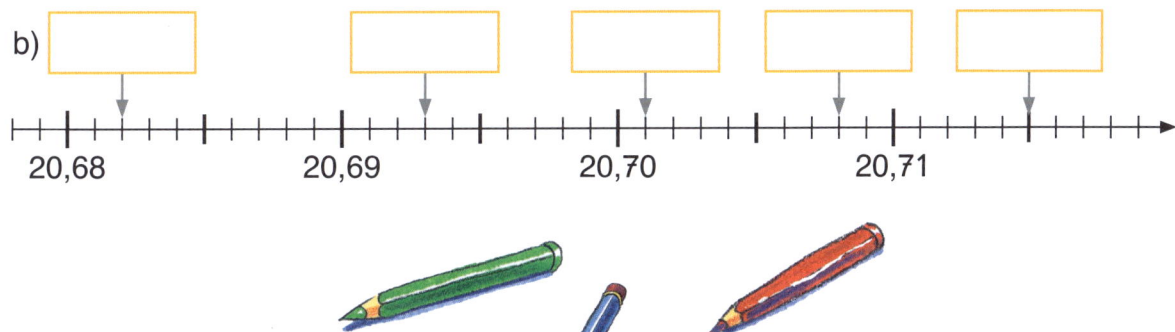

20,68   20,69   20,70   20,71

2 **Schreibe die Dezimalbrüche an die richtige Stelle.**

a) | 12,9 | 12,67 | 12,78 | 12,94 | 12,7 | 12,87 | 12,6 |

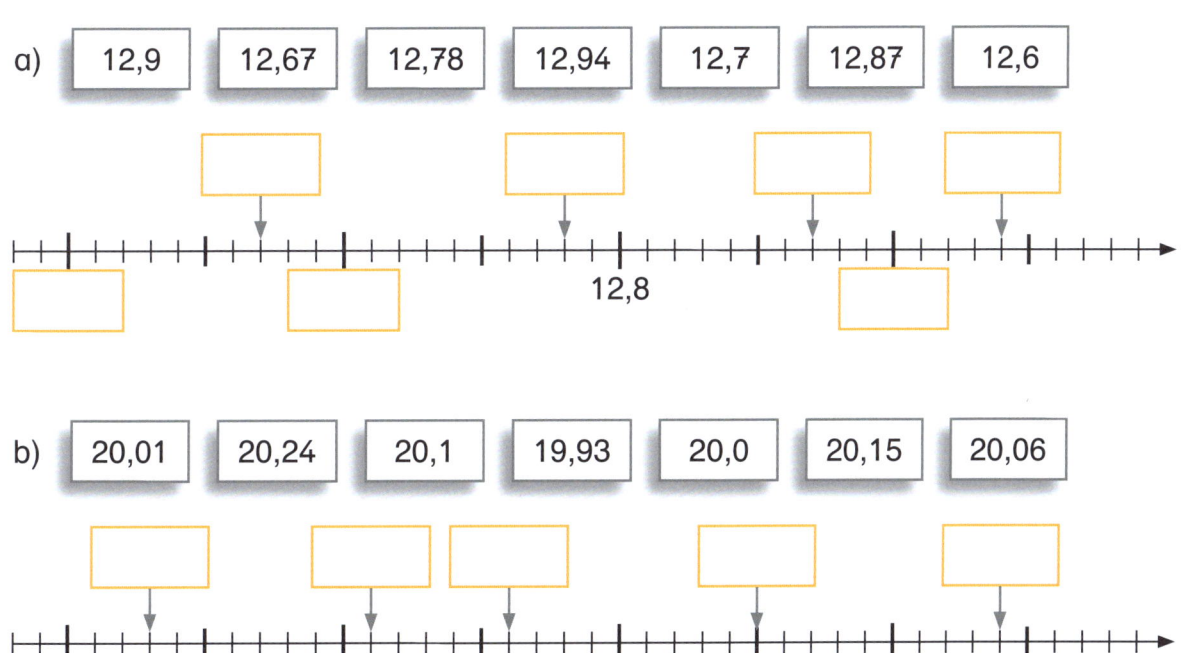

12,8

b) | 20,01 | 20,24 | 20,1 | 19,93 | 20,0 | 20,15 | 20,06 |

19,9   20,2

1 Setze ein: $>$ $=$ $<$.

2,38	◯	2,83	64,32	◯	63,42	3,54 ◯ 3,45
7,4	◯	7,04	95,38	◯	98,53	8,70 ◯ 8,7
8,5	◯	8,50	26,69	◯	26,96	4,32 ◯ 4,23
6,047	◯	6,407	24,84	◯	24,824	4,034 ◯ 4,304
8,878	◯	8,787	80,81	◯	80,088	9,876 ◯ 9,867

2 Ordne der Größe nach. Beginne mit dem kleinsten Wert.

| 0,27 | 7,2 | 0,72 | 2,7 | | 14,3 | 3,14 | 1,43 | 4,13 |

| 1,23 | 2,13 | 3,21 | 1,32 | | 4,16 | 6,41 | 1,64 | 4,61 |

3 Ordne der Größe nach. Beginne mit dem größten Wert.
Benutze das Zeichen $>$.

| 0,87 | 8,07 | 7,08 | 0,78 | 8,7 | 80,7 | 0,078 | 7,008 | 0,087 |

| 10,5 | 0,015 | 5,01 | 0,15 | 1,50 | 5,10 | 10,05 | 1,05 | 0,51 |

1 a)

0,3 + _____ = 1,0	2,3 + _____ = 3,0	7,9 + _____ = 8,0
0,7 + _____ = 1,0	2,8 + _____ = 3,0	7,4 + _____ = 8,0
0,4 + _____ = 1,0	2,4 + _____ = 3,0	7,3 + _____ = 8,0
0,8 + _____ = 1,0	2,6 + _____ = 3,0	7,5 + _____ = 8,0

b)

2,8 + _____ = 5,0	3,7 + _____ = 10,0	4,6 + _____ = 15,0
3,6 + _____ = 5,0	8,4 + _____ = 10,0	8,2 + _____ = 20,0
1,7 + _____ = 5,0	2,6 + _____ = 10,0	3,1 + _____ = 16,0
0,8 + _____ = 5,0	0,9 + _____ = 10,0	4,4 + _____ = 11,0

c)

0,92 + _____ = 1,0	3,79 + _____ = 5,0	5,49 + _____ = 10,0
1,26 + _____ = 2,0	4,13 + _____ = 5,0	2,44 + _____ = 10,0
3,78 + _____ = 4,0	6,45 + _____ = 7,0	6,75 + _____ = 10,0
4,81 + _____ = 5,0	8,64 + _____ = 9,0	4,49 + _____ = 10,0

 d)

3,54 + _____ = 5,5	2,76 + _____ = 3,9	7,68 + _____ = 9,4
6,12 + _____ = 7,3	5,39 + _____ = 7,2	4,88 + _____ = 6,3

2 Ergänze. Immer drei Zahlen, waagrecht oder senkrecht addiert, ergeben die im Dach angegebene Summe.

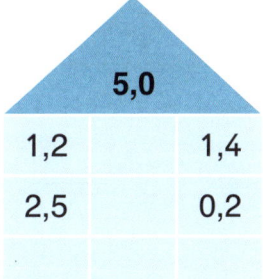

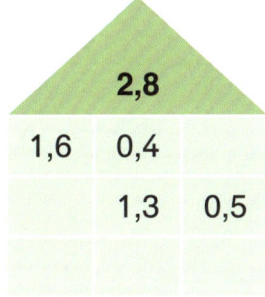

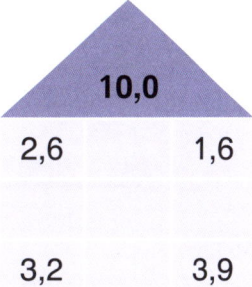

1 **Schreibe als Dezimalbruch.**

$$\frac{1}{10} = 0,1 \quad\rightarrow\quad \frac{3}{10} = 3 \cdot 0,1 = 0,3 \underline{\hspace{3cm}} \qquad \frac{9}{10} = \underline{\hspace{3cm}} \qquad \frac{14}{10} = \underline{\hspace{3cm}}$$

$$\frac{1}{2} = 0,5 \quad\rightarrow\quad \frac{3}{2} = 3 \cdot 0,5 = \underline{\hspace{3cm}} \qquad \frac{5}{2} = \underline{\hspace{3cm}} \qquad \frac{7}{2} = \underline{\hspace{3cm}}$$

$$\frac{1}{4} = 0,25 \quad\rightarrow\quad \frac{3}{4} = \underline{\hspace{3cm}} \qquad \frac{7}{4} = \underline{\hspace{3cm}} \qquad \frac{5}{4} = \underline{\hspace{3cm}}$$

$$\frac{1}{5} = 0,2 \quad\rightarrow\quad \frac{2}{5} = \underline{\hspace{3cm}} \qquad \frac{4}{5} = \underline{\hspace{3cm}} \qquad \frac{3}{5} = \underline{\hspace{3cm}}$$

$$\frac{1}{8} = 0,125 \quad\rightarrow\quad \frac{3}{8} = \underline{\hspace{3cm}} \qquad \frac{5}{8} = \underline{\hspace{3cm}} \qquad \frac{7}{8} = \underline{\hspace{3cm}}$$

Diese Brüche solltest du dir merken.

2 **Wandle um und rechne.**

$$\frac{1}{10} + 0,3 = \underline{\hspace{4cm}}$$

$$\frac{1}{2} + 0,5 = \underline{\hspace{4cm}} \qquad\qquad \frac{4}{5} - 0,6 = \underline{\hspace{4cm}}$$

$$\frac{3}{4} - 0,2 = \underline{\hspace{4cm}} \qquad\qquad \frac{3}{10} + 1,2 = \underline{\hspace{4cm}}$$

$$\frac{1}{8} + 0,125 = \underline{\hspace{4cm}} \qquad\qquad \frac{3}{5} - 0,6 = \underline{\hspace{4cm}}$$

$$\frac{3}{4} - 0,7 = \underline{\hspace{4cm}} \qquad\qquad \frac{9}{10} + 9,1 = \underline{\hspace{4cm}}$$

Rundungsregeln:

0, 1, 2, 3, 4 bei der ersten wegfallenden Ziffer → **ab**runden
5, 6, 7, 8, 9 bei der ersten wegfallenden Ziffer → **auf**runden

1 **Runden auf** Zehntel: **Betrachte die** Hundertstel-**Stelle und färbe sie.**

8,632 ≈ _____	2,454 ≈ _____	6,05 ≈ _____
4,479 ≈ _____	3,67 ≈ _____	2,075 ≈ _____
0,547 ≈ _____	8,9729 ≈ _____	3,5582 ≈ _____
1,3919 ≈ _____	4,366 ≈ _____	1,346 ≈ _____

2 **Runden auf** Hundertstel: **Betrachte die** Tausendstel-**Stelle und färbe sie.**

20,4475 ≈ _____	0,68947 ≈ _____	4,34556 ≈ _____
16,668 ≈ _____	6,0379 ≈ _____	6,3444 ≈ _____
10,0447 ≈ _____	9,9091 ≈ _____	8,98476 ≈ _____
68,38144 ≈ _____	3,03555 ≈ _____	4,3456 ≈ _____

3 **Runde auf** Tausendstel: **Betrachte die** Zehntausendstel-**Stelle und färbe sie.**

9,34564 ≈ _____	3,876564 ≈ _____	6,12666 ≈ _____
8,0507 ≈ _____	2,34549 ≈ _____	0,03038 ≈ _____
0,004655 ≈ _____	0,200711 ≈ _____	2,39487 ≈ _____
12,987669 ≈ _____	6,746556 ≈ _____	0,00945 ≈ _____

1 Streiche nicht drehsymmetrische Figuren durch und
trage bei drehsymmetrischen Figuren die Drehpunkte ein.

2 Um welche Gradzahl muss man mindestens drehen,
um die Figur wieder auf sich selbst abzubilden?

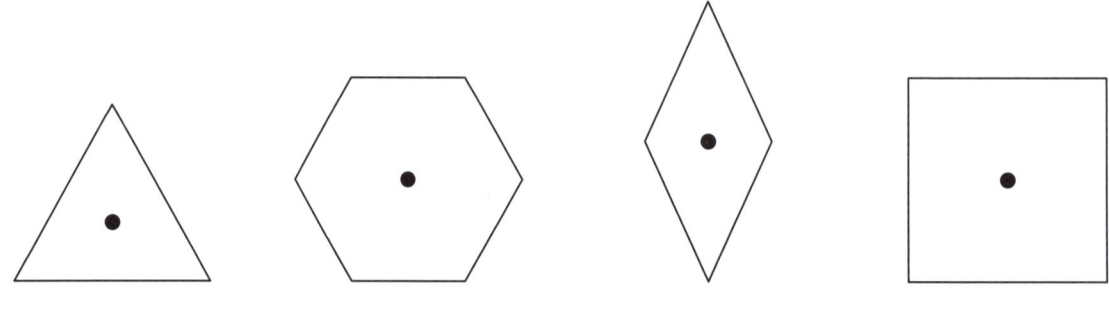

_____   _____   _____   _____

3 Drehe die Figur so oft um den rot gefärbten Drehpunkt,
bis sie wieder auf der Ursprungsfigur zu liegen kommt.
Drehwinkel und Drehrichtung sind in Klammern angegeben.

(90° / Gegenuhrzeigersinn)   (120° / Uhrzeigersinn)

1 Verschiebe die Figur in die Richtung, die dir der grüne
Verschiebungspfeil angibt.

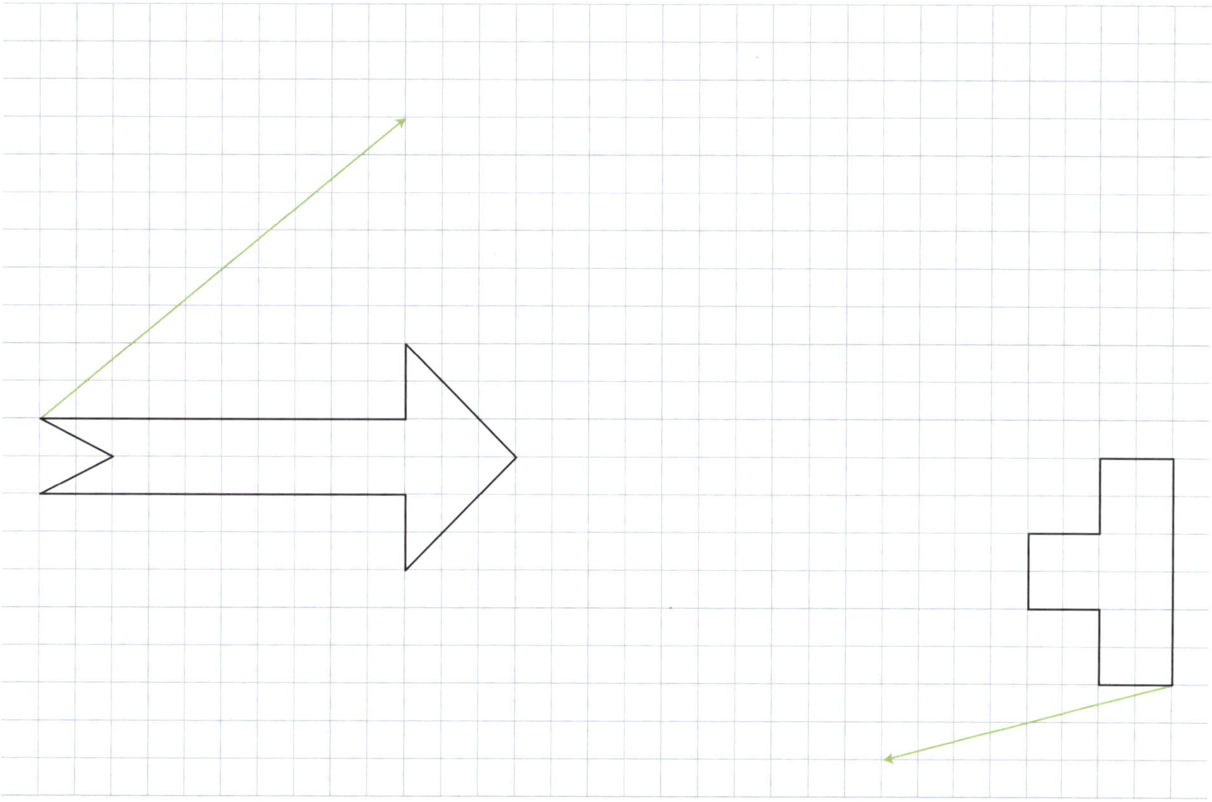

2 Bei diesen Parallelverschiebungen ist etwas schiefgegangen.
Markiere die Eckpunkte, die nicht der Verschiebungsvorschrift entsprechen.

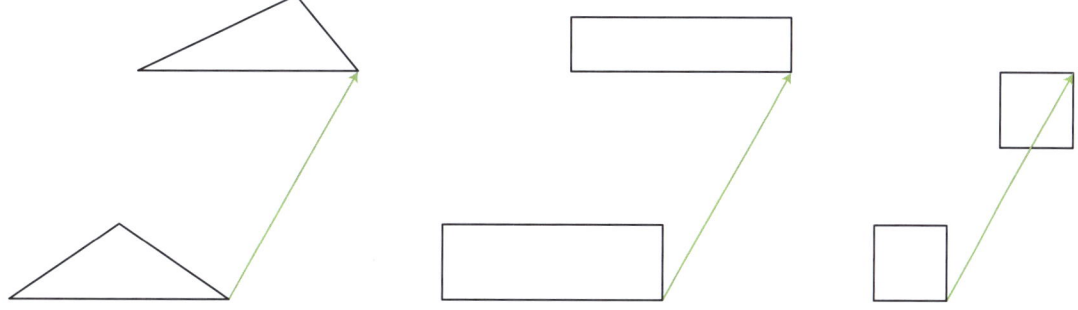

1 **Schreibe untereinander und berechne.**

a) 305,36 + 12,4 + 0,38   6,37 + 2,07 + 1,005   0,3 + 2,06 + 8,302

```
    3 0 5, 3 6
      1 2, 4
+        0, 3 8
_____
```

b) 14,5 − 6,05   8,72 − 4,44   9,036 − 2,37

2 **Berechne die Summe der Zahlen 2,34 und 9,03.**
Runde das Ergebnis auf Zehntel.

3 **Berechne die Differenz der Zahlen 68,708 und 35,929.**
Runde das Ergebnis auf Hundertstel.

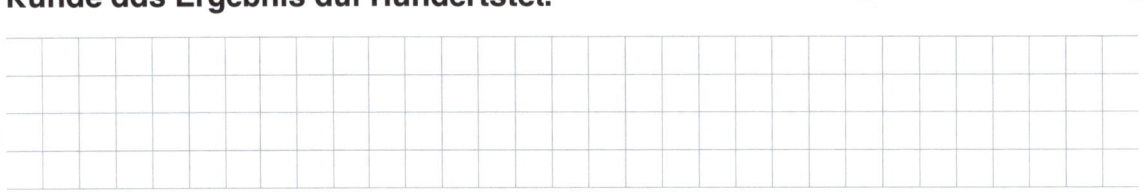

4 **Berechne die Summe der Zahlen 6,35 und 8,82 und addiere zum Ergebnis**
die Hälfte von 8,4. Runde das Ergebnis auf Zehntel.

5 Addiere zur Differenz der Zahlen 41,82 und 2,63
die Differenz der Zahlen 16,09 und 8,73.

6 Subtrahiere von der Summe der Zahlen 28,305 und 0,62
die Differenz der Zahlen 29,44 und 20,81.

7 Addiere zur Summe der Zahlen 9,87 und 6,32
die Differenz der gleichen Zahlen.

8 Addiere zur Differenz der Zahlen 68,7 und 35,9
das Doppelte von 3,45.

9 Berechne die Summe der Zahlen 5,76 und 3,448 und
addiere zum Ergebnis das Dreifache von 2,5.

· 10 → Komma um **eine**
Stelle nach **rechts**
· 100 → Komma um **zwei**
Stellen nach **rechts**

1 **Multipliziere mit der angegebenen Zahl.**

$0{,}2 \cdot 10 = 2$ $0{,}20 \cdot 100 = 20$

· 10	
24	
2,4	
240	
0,24	

· 100	
6,48	
0,648	
0,0648	
64,8	

· 1 000	
0,0456	
4,56	
45,6	
0,456	

· 10	
53	
0,53	
5,3	
530	

· 100	
12	
0,12	
1,2	
120	

· 1 000	
309	
30,9	
3,09	
0,309	

: 10 → Komma um **eine**
Stelle nach **links**
: 100 → Komma um **zwei**
Stellen nach **links**

2 **Dividiere durch die angegebene Zahl.**

$06{,}0 : 10 = 0{,}6$ $006{,}0 : 100 = 0{,}06$

: 10	
68	
0,68	
6,8	
680	

: 100	
47	
0,47	
4,7	
470	

: 1 000	
706	
0,706	
70,6	
7060	

: 10	
93	
0,93	
9,3	
930	

: 100	
21	
0,21	
2,1	
210	

: 1 000	
306	
3,06	
3 060	
30,6	

Rechne erst ohne Komma.

1

→ · 2		
	du rechnest	
4,2	42 · 2 = 84	8,4
3,4		
6,6		

→ · 5		
	du rechnest	
1,3	13 · 5 =	
2,1		
3,4		

→ · 3		
	du rechnest	
1,2	12 · 3 =	
0,6		
2,2		

→ · 8		
	du rechnest	
0,7		
1,2		
0,9		

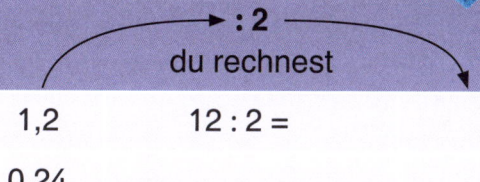

 2

→ : 2		
	du rechnest	
1,2	12 : 2 =	
0,24		
0,036		

→ : 6		
	du rechnest	
4,2	42 : 6 =	
0,18		
0,054		

→ : 4		
	du rechnest	
2,8	28 : 4 =	
3,6		
4,8		

→ : 7		
	du rechnest	
0,21		
3,5		
0,049		

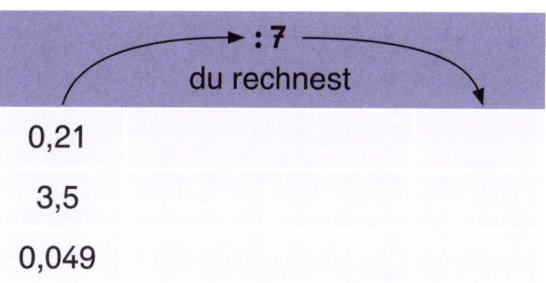

$$2,\underbrace{37}_{} \quad \cdot \quad 4,\underbrace{5}_{} \quad = \quad 10,\underbrace{665}_{}$$

2 Stellen hinter dem Komma	1 Stelle hinter dem Komma	3 Stellen hinter dem Komma

Das Ergebnis hat so viele Stellen hinter dem Komma wie die Summe der Kommastellen der einzelnen Faktoren.

1 **Beachte die Kommastellen. Welches Ergebnis stimmt?**

	111,23 ☐		0,728 ☐		16,6957 ☐
4,9 · 2,27 =	11,123 ☐	0,02 · 3,64 =	0,0728 ☐	4,27 · 3,91 =	166,957 ☐
	1112,3 ☐		0,00728 ☐		1669,57 ☐

	444,564 ☐		5921,79 ☐		0,95504 ☐
9,32 · 4,77 =	4,44564 ☐	1,73 · 3,423 =	59,2179 ☐	2,032 · 0,047 =	0,095504 ☐
	44,4564 ☐		5,92179 ☐		0,0095504 ☐

2 **Multipliziere zuerst ohne Komma. Danach setze das Komma.**

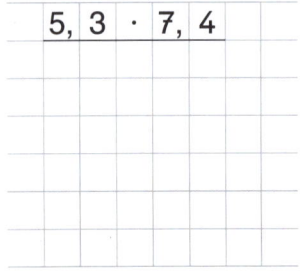
$$5,3 \cdot 7,4$$

$$2,3\,6 \cdot 6,4$$

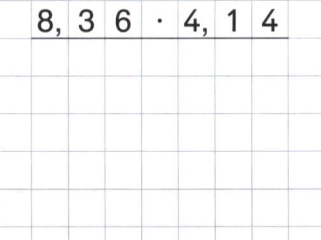
$$8,3\,6 \cdot 4,1\,4$$

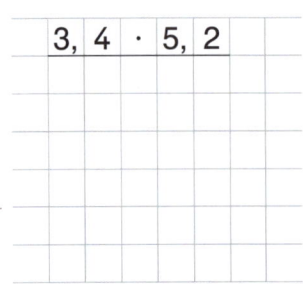
$$3,4 \cdot 5,2$$

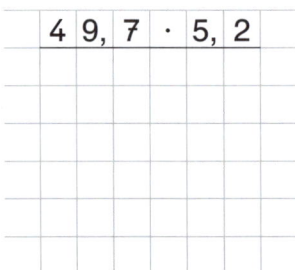
$$4\,9,7 \cdot 5,2$$

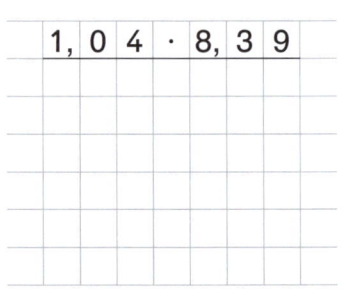
$$1,0\,4 \cdot 8,3\,9$$

1 Teilen durch eine natürliche Zahl

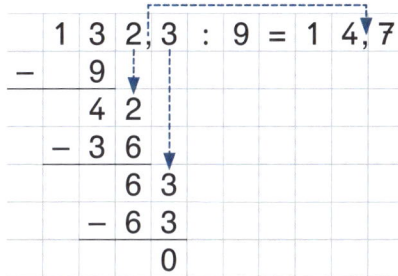

$$1\,3\,2{,}3 : 9 = 1\,4{,}7$$

Du dividierst wie bei Aufgaben ohne Komma. Das Ergebnis hat so viele Stellen hinter dem Komma wie die zu teilende Zahl.

$$2\,0\,7{,}6 : 1\,2 =$$

$$1\,9\,0{,}7\,2 : 6\,4 =$$

Vor dem Dividieren musst du das Komma bei beiden Zahlen um gleich viele Stellen nach rechts verschieben, bis die zweite Zahl eine natürliche Zahl ist.

2 Teilen durch einen Dezimalbruch

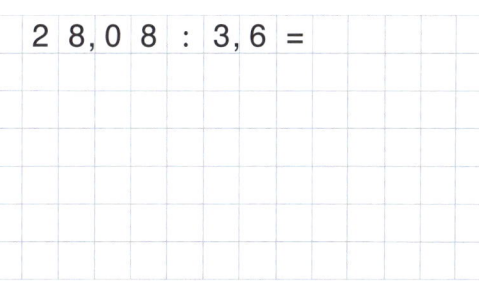

$$9{,}5\,2 : 2{,}8 =$$
$$9\,5{,}2 : 2\,8 = 3{,}4$$

$$2\,8{,}0\,8 : 3{,}6 =$$

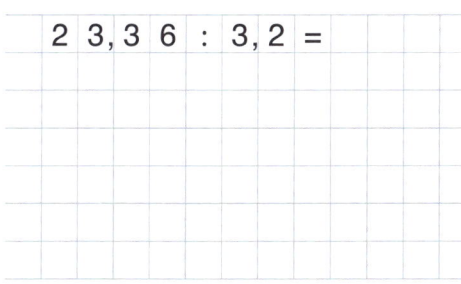

$$2\,3{,}3\,6 : 3{,}2 =$$

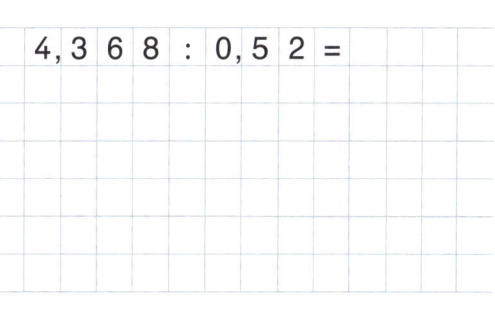

$$4{,}3\,6\,8 : 0{,}5\,2 =$$

Geld-Wechselkurse im Juni 2008

 1 Schweizer Franken = 0,62 €   1 englisches Pfund = 1,27 €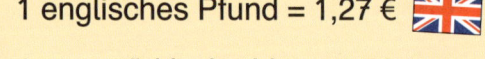

1 US-Dollar = 0,65 €   1 neue türkische Lira = 0,53 €

1 russischer Rubel = 0,03 €   1 dänische Krone = 0,13 €

(1) Andreas hat von seinem Onkel, der in den USA lebt, 25 Dollar zum Geburtstag bekommen. Er will sie in Euro umtauschen.
Wie viel Euro bekommt er?

1 Dollar = 0,65 €
25 Dollar = 25 · ...

Antwort: _____

(2) Im Englischunterricht erfahren Sarah und Paulina, dass die Schuluniform für die 12-jährige Diana 68 englische Pfund kostet und dass sie für Schulbücher zu Beginn des Schuljahres 29 englische Pfund bezahlen muss.
Die beiden überlegen, wie viel Euro Diana ausgeben müsste.

Antwort: _____

(3) Ayse erhält von ihrer Oma, die aus der Türkei zu Besuch kommt, eine Halskette mit einem kleinen Anhänger. Auf dem Preisschild liest sie: 21 türkische Lira.
Wie viel Euro sind das?

Nimm dir einen Zettel, falls dir der Platz nicht reicht.

Antwort: _____

4 Julia ist in den Ferien mit ihren Eltern in
Dänemark. Beim Eisessen am Strand erschrickt
sie: „Ein kleines Eis kostet 25 dänische Kronen!
Das ist ja viel teurer als bei uns!"
Was kostet das Eis in Euro?

Antwort: _____

5 Nach den Ferien bringen Alexander, Selim,
Tom und Sarah ihr restliches Urlaubsgeld mit:
Alexander: 37 russische Rubel,
Tom: 5 englische Pfund,
Selim: 11 türkische Lira,
Sarah: 24 dänische Kronen.
Wer hat am meisten Geld? (Vergleiche in Euro.)

Alexander: _____   Tom: _____

Selim: _____   Sarah: _____

Antwort: _____

_____

6 Fabian war mit seinen Eltern in der Schweiz.
Er kaufte 6 Tafeln Schokolade für 8,40 Franken
und ein T-Shirt für 24,90 Schweizer Franken.
Er rechnet aus, wie viel Euro 1 Tafel Schokolade
kostet und wie teuer das T-Shirt wäre, wenn er es
in Euro bezahlen würde.

Antwort: _____

_____

_____

Im Jahr 2007 sahen die Besucherzahlen im Tierpark Hellabrunn etwa so aus:

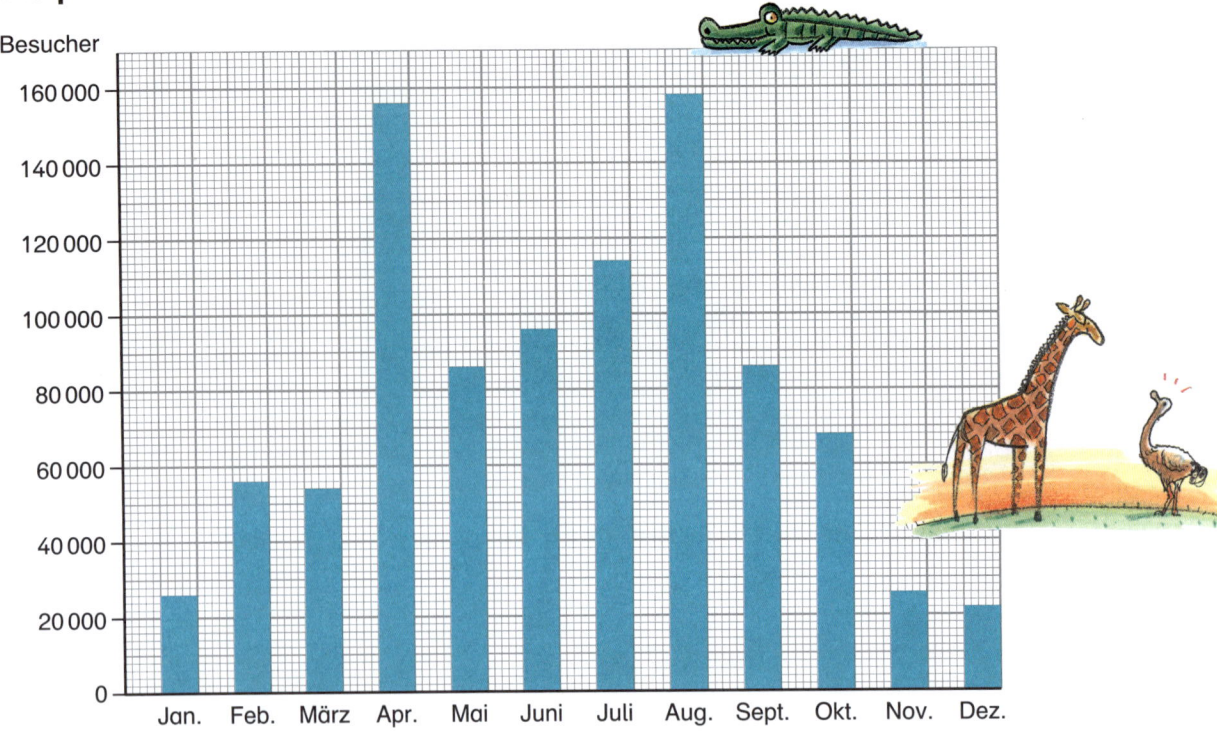

1 a) Die meisten Besucher (_____) kamen im Monat _____ .

   b) Die wenigsten Besucher (_____) gab es im Monat _____ .

2 a) Im ganzen Jahr besuchten insgesamt _____ Personen den Tierpark.

   b) Das waren im Durchschnitt _____ Besucher pro Monat.

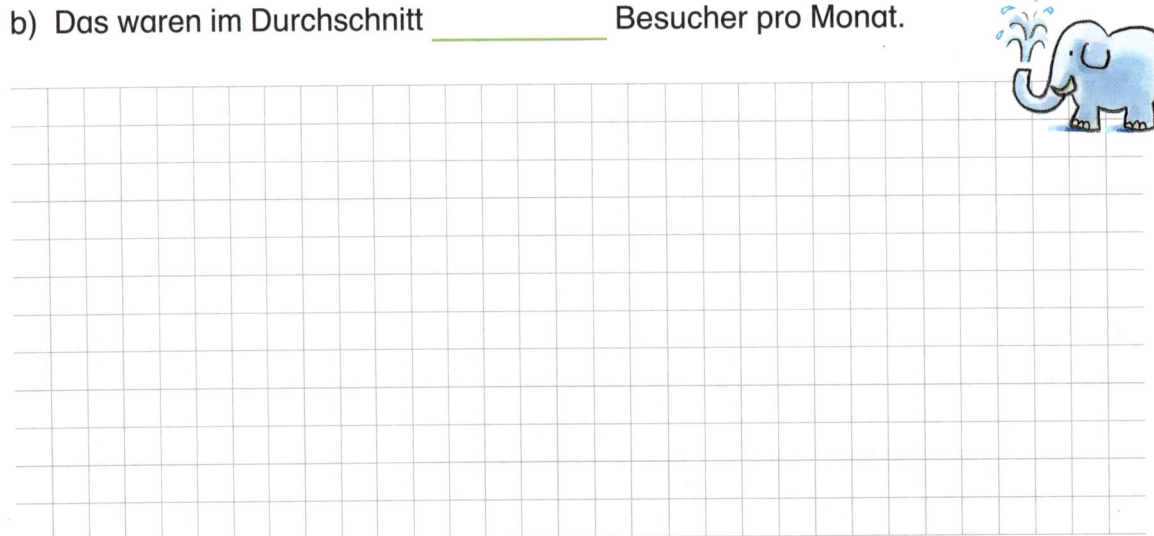